36 位 台湾手艺人 的 造物美学

中华手工杂志社 编

重庆大学出版社

手之技艺，心之感动；
瞩目于物，温润于人。
本真触摸台湾手工艺的灵魂。

目录 Contents

台南

台北

蔡荣佑 陶艺

陈远芳 刀剑制作

叶宝莲 竹编

陈泽培 石雕

刘文煌 竹艺

曾明男 陶艺

黄丽淑 漆艺

陈万能 漆艺

李幸龙 陶艺

林芳仕 玻璃艺术

郑应谐 金雕

陈铭堂 竹雕

台中

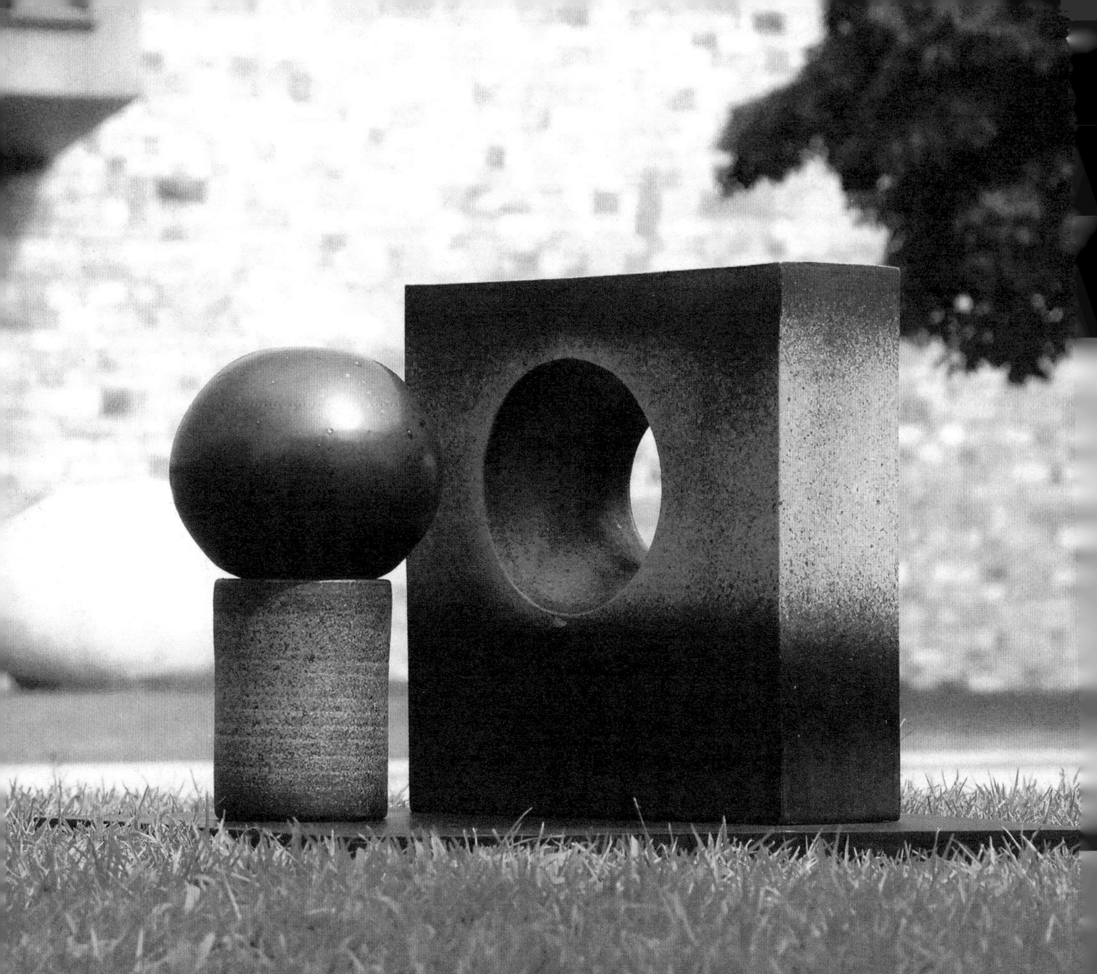

位置图 *LOCATION*

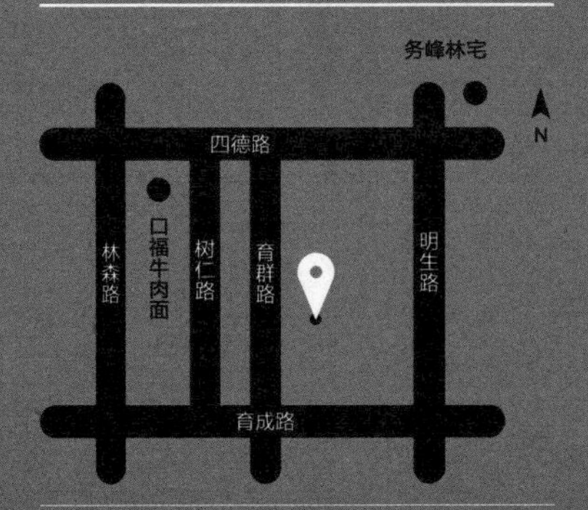

广达艺苑

地　　址：台中县雾峰乡本堂村育群路 183 号
电　　话：04-23301602
开放时间：电话预约

释放陶土的温煦本味

text | 李科　photo | 蔡荣佑

大型纪录片《台北故宫》讲述了一段故宫国宝最初迁台，经历北沟烟雨的前尘往事。其时的北沟，位于台中县雾峰乡。今天的雾峰，因为有台湾陶艺先驱蔡荣佑四十余年的辛勤耕耘，已然成为台湾现代陶艺的“新乡”。对于普通人来说，蔡荣佑这个名字或许还很陌生；但在台湾手工艺界，他早已是闻名遐迩的陶艺大师。

在蔡荣佑的工作室，你会发现处处皆有惊喜。绿意盎然的户外庭园里，各式各样的收藏品错落有致，室内则大多是他的摄影及陶艺作品，自成一处美学桃源。

开创风气之先

从一个农家小孩到走上陶艺之路，蔡荣佑曾当过农夫、工人，饱尝生活的艰辛，但他却从未放弃过对美和艺术的追求。从1966年学画开始，他玩摄影、收藏雅石和民艺品，并执著地走上最重要的陶艺创作领域。

学陶时，他曾跟随邱焕堂老师学习做陶及烧窑的技巧，又跟林葆家老师学习调配釉药的基本理论，加上之前跟侯寿峰老师学绘画。这些学习经历都让蔡荣佑深深体悟到，一件好的陶艺作品，应具备有好的形、美的质，以及丰富的釉彩。正是有了这种想法，在做每一件作品时他都致力于用熟悉的材料及技法，将自己内心对美感的认知呈现出来。

在台湾现代陶艺界一片沉寂的20世纪70年代，蔡荣佑很快就脱颖而出。自1977年起，蔡荣佑的作品连续4年入选意大利国际现代陶艺展，并获得奖项。1979年，蔡荣佑在台中文英馆举办了生平首次陶艺个展，同年又在台北春之艺廊再次举办个展，一举轰动了台湾工艺美术界。不但观者如潮，而且作品被抢购一空，订单不断。

在当时的台湾，现代陶艺还算蛮新鲜的一件事物。蔡荣佑总共带去了四百余件作品，在春之艺廊的个展中就卖掉了三百三十多件。整个台湾现代陶艺的从业者，在看到这样的场景后都充满了信心，纷纷开办起各自的个展。

这场开风气之先的个展，大大刺激了台湾陶艺家举行个展的意愿，点燃了台湾现代陶艺蓬勃发展的火炬，成为台湾陶艺界划时代之盛事。此后，蔡荣佑陆续举办了37场个展，参加了数不清的联展，一举奠定了他在陶艺界的地位。

蔡荣佑回到雾峰老家后创立了广达艺苑。原本他没有收徒的计划，但适逢东海大学的几位师生想学陶艺，所以后者成为了他的第一批弟子。与此同时，台湾当局刚好在推广地方文化，便委托广达艺苑开设陶艺班，由此种下蔡荣佑日后为台湾中部地区培养出大批现代陶艺者的契机。

《亲情》的殊荣

蔡荣佑的陶艺，一直以本土文化为根，然后大胆融入不同文化的养分，创造出独特的风格。他对还原烧情有独钟，作品质朴素雅，充满丰美内敛的人文气质，从器形到釉彩皆温润可喜，让人爱不释手。

1980年，蔡荣佑第一次带着陶艺作品参加第34届台湾省美展比赛，便弥补了该赛从第28届之后首奖始缺的遗憾，获得第一名。接着，他又在第35届比赛中获得第二名。连续两届美展都有不错的表现，蔡荣佑得到一个非常好的机遇。因为为了鼓励参赛人员不断创作出好作品，台湾省美展从第34届开始制定了永久免审查制度，

蔡荣佑

若能连续三届获得同类奖项的前三名，就可获颁永久免审查这项殊荣。“第三年若能再得奖那该多好。”蔡荣佑心想。他开始思索如何创作出好的作品参加第三次比赛。当时台湾正在推行“两个孩子恰恰好”，这给了蔡荣佑有了创作《亲情》系列的灵感。

然而，一开始创作之路并不顺利。做好的坯多次裂掉，有的因为没接好，在干燥过程中裂掉；有的因为纹路线条刻得太深；有的因为没粘好……此外还出现釉色不符等现象。就这样反复做了半年多，直到参赛截止日期将至，作品才完成。

交件后，蔡荣佑怀着忐忑不安的心情等待结果。当获知得奖的瞬间，他流下了既辛酸又欢喜的泪水，那种兴奋之情无以言表。

不断突破的艺术之旅

与许多现代陶艺家一样，蔡荣佑的陶艺生涯中曾有多个接近雕塑的作品。然而，最令人动容且印象深刻的，仍是那些造型简洁、釉彩苍古秀润兼而有之的陶罐作品。

从民间陶罐的基本造型出发，蔡荣佑捕捉平民生活中素朴憨厚的精神本质，但不受固定形制的束缚，反而赋予其更深沉的内涵与更精致的品质。他以陶体深浅不一的斑点，增加表面釉色的变化与趣味，成为自己作品最重要的特色。蔡荣佑在坯土中刻意添加了新竹北埔的原土，这种原土中含有大量的铁，在高温窑烧时，铁质渗出即形成犹如金属锈蚀般的效果，仿佛时间静静走过的痕迹。

1983年，因为在陶艺上的成就与贡献，蔡荣佑荣获“台湾十大杰出青年”，后来又当选台湾省陶艺学会理事长，更成为各大重要赛事的评审委员。功成名就的蔡荣佑创作热忱丝毫不减，其后他又陆续创作出《釉彩》《耿直》《求变》《方圆》《憨厚》《圆满》《惜福》等代表作品。

多年前，蔡荣佑拜访埔里好友林锦镜，后者赠给他一件自己在试验宜兴土时烧成的实验品。那被烧得变软，且呈咖啡色的宜兴土，附着在灰白色的硼柱上，软硬结合得那么自然，色彩那么调合，虽然只有七八厘米大小，但给蔡荣佑的刺激及震憾，不亚于一件大作。这件实验品刚柔交融的意象，由此存藏于他心里，但始终不得实现的窍门。

2003年，他的启蒙恩师邱焕堂到雾峰长住，带来许多新材料，正好适合用在他想呈现的那种刚柔结合的作品上。

虽说试验几乎全军覆没，但效果很独特，蔡荣佑很喜欢，因而他舍不得放弃。经过六年努力，他终于成功创作出《包容》系列。两种媒材的结合，使厚厚的釉彩在高温的窑烧中自然流淌，与底下质朴的陶体形成既对照又包容的奇妙效果，让观者无不赞叹！

独树一帜广达烧

蔡荣佑说，传统陶器均出自名窑，且多为分工合作，很少带有个人的风格。拉胚、修胚、画陶、上釉、烧窑……分别由不同的人完成，所以只知出产的窑名，却很难知道是谁做的。而蔡荣佑做的是现代陶艺，具有很强烈的个人风格，从拉胚到烧窑由一个人完成，所以他不想以窑来命名。

由于他的儿子和媳妇开店，常有客人问，这些陶器出自哪里？儿子和媳妇每答不知，说爸爸没有讲。日本陶艺常以“某某烧”来命名，如有田烧、九谷烧等，蔡荣佑本来想叫雾峰烧，后来觉得不好，因为雾峰做陶的不止他一人，他觉得自己不能代表雾峰。于是决定以教室命名，取名为广达烧。蔡荣佑强调，广达艺苑于1978年成立，比广达计算机早十年，绝非掠人之美。

四十年来，蔡荣佑从生活的陶罐出发，不被传统的形体、釉彩所局限，借其对艺术的理解和对生命的体悟，为台湾现代陶艺竖起一座高峰。更重要的是，蔡荣佑的陶艺通过朴实的造型和绚烂的釉彩，捕捉到故乡泥土美丽的容颜，展现出丰美动人的深刻内蕴。

旅游攻略

交通路线	3号高速公路→雾峰交流道→雾峰方向→左转中正路→左转育成路→右转育群路。
周边景点	八仙山森林游乐区位于台中县和平乡，为台湾三大林场之一。园区四周群山环绕，林木苍翠，鸟类繁多。园区内十文溪与佳保溪汇流其间，溪中大小岩石遍布，处处激流，景观独具一格，身居其境，令人流连忘返，为登山、森林浴、赏鸟和渡假休憩的至佳胜地。
当地美食	位于雾峰乡树仁形象商界的口福牛肉面，是当地有名的小吃，每到用餐时间都高月满坐。这里的牛肉面汤汁味浓，搭配筋道十足的面条，以及半筋半肉的上等牛肉，再配上酸菜，想想就让人垂涎三尺。

位置图 *LOCATION*

在二十多年的刀剑制作生涯中,陈远芳不仅打造出一把把名刀名剑,内心也变得日益强大,完成了技艺与心灵的双重修炼。

陈远芳刀剑金工艺术坊

地　　址：台中市北屯区梅川东路四段 103 号
电　　话：04-22476477
开放时候：周一至周五，09：00~21：00，需电话预约

刀光剑影亦修行

text | 谢凯 photo | 陈远芳

“陈远芳刀剑金工艺术坊”位于台中市梅川东路。在都市丛林中居然可以一睹刀剑制作，自然是件新鲜事。每天来这里参观的人络绎不绝，看到工作室墙上琳琅满目的获奖证书，人们对陈远芳的敬佩之情油然而生。

第一把武士刀

戴着眼镜、身材偏瘦的陈远芳给人的第一印象是一个文化人，很难把他和刀剑工艺师联系在一起。对此，陈远芳说：”一提到刀剑，大多数人只会想到打打杀杀、你死我活。事实上，刀剑不只是武器，更是古代文人“士”的身份与精神的象征。”

陈远芳自小就热爱刀剑。年轻时，他学习过金工珠宝的制造，也曾跟随身为职业木匠的表哥学习过木工，但他始终不忘对刀剑的热情。35岁时，陈远芳回到台中家乡，无意中得到一把断裂的武士刀。那一刻，他的心底似乎有小小的火苗蹿升而起，他决定修复这把刀。于是，他花了三年时间，从装柄、做壳，直至修整完成，首次完成了一把刀剑修复。以此为契机，他开始着手深入研究刀剑制作的技艺。

然而，当时的台湾并没有学习刀剑制作的资源，陈远芳只好如饥似渴地阅读起国外的刀剑制作书籍，并请教相关艺术领域的专家。靠着敢问、敢做的精神，他从别人的制作流程中汲取宝贵经验，经过十年不断地尝试和磨练，直到45岁时，他终于琢磨出如何做出一把好刀剑，正式转行成为职业刀剑工艺师。

如今，他兼采木工、皮雕、漆艺、缝制皮套等技术之长，以近代新式的炼钢材料，用各种材质及镶嵌工艺来制作刀装，不断创新、挑战高难度刀剑样式的制作，从制图设计、制刀，到刀鞘、握柄等配件的制作，他都能独立完成。

一出鞘便知好坏

在国外，一般一把刀剑需由不同工匠组成团队合作完成。不过，由于陈远芳做过珠宝设计师，掌握了珠宝加工等金工技艺，年少时还随当职业木匠的表哥学过木工，因此从设计、金工到刀鞘、握柄等配件的制作，他一个人就能全部完成，这在业界算是凤毛麟角。

一把好刀剑，从鞘里抽出来，应有龙吟的声音，而且能够收抽自如。刀柄、刀鞘一定要切割精准，太紧容易卡住，太松又容易掉出来。刀工的研磨也相当重要，一把刀剑必须研磨到宛如镜面的程度，不过，这样的技术在全世界也没有几个人能做到。此外，剑还要磨得挺直，如果剑身弯曲，就连三岁的小孩子也会质疑剑怎么不是直的？

“人要衣装，佛要金装”这句话同样适合用在刀剑制作上，而陈远芳从事珠宝设计的经验刚好派上用场。此外，为了将刀柄、刀鞘装饰得光彩亮丽，漆艺、皮雕等技艺也是必备的功夫。

做一把好刀剑，光有一身好技艺还不行，还得有好的钢材。陈远芳举例说：“牙匠用的工具不生锈，硬度、强度都足够，那种钢材特别适合用来制作顶级刀剑。”此外，F1赛车的传动轴、狙击枪的枪管、印刷厂的裁纸刀所使用的钢材也成为他制作刀剑的原材料，因为它们都具备不变形、硬度高的特性。武侠小说中，经常会有“刀光剑影”的描述，这要求材料要足够好。巧妇难为无米之炊，若没有好材料，很难做出一把好刀剑。

不过，材质越好的钢材，打造出的刀剑也越难研磨。陈远芳经常

陈远芳

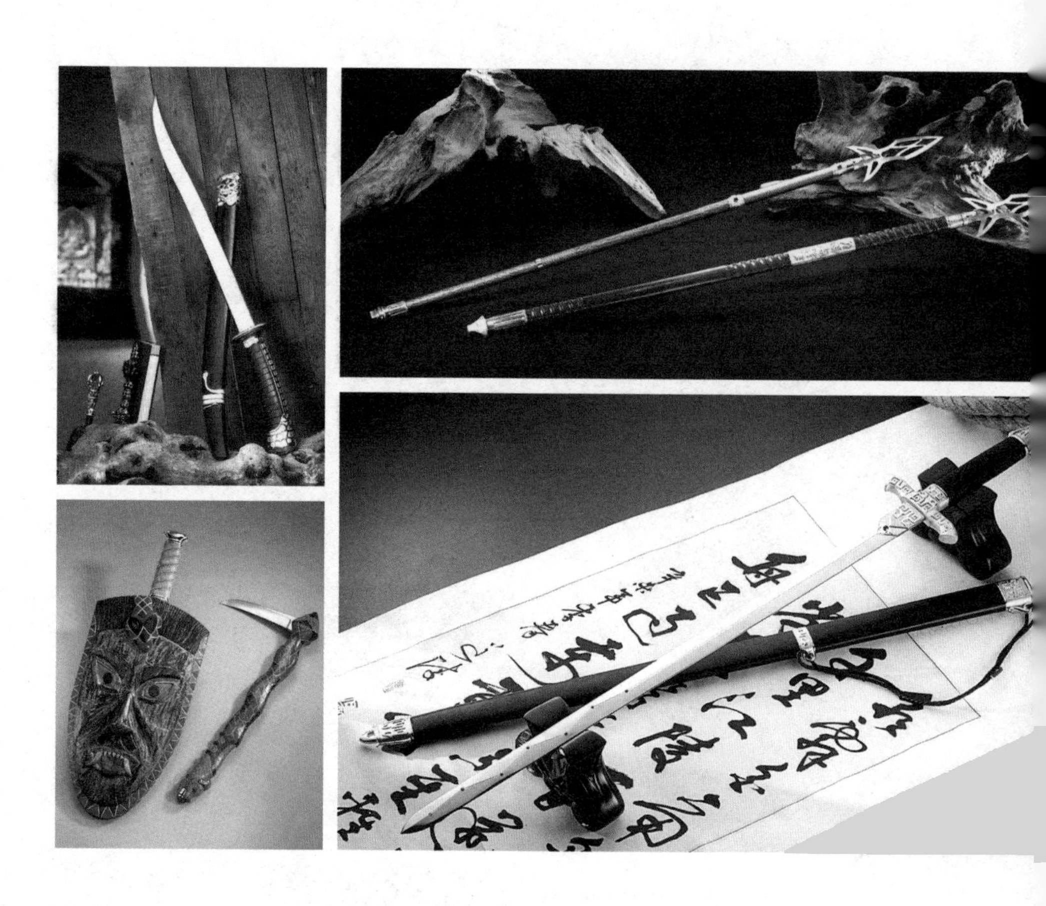

研磨刀剑到深夜，他的妻子也数次向他埋怨：“我嫁给了一个夜夜磨刀的男人。”

技艺与心灵的修练

陈远芳的工坊内展示着各种各样的刀剑成品，有古罗马剑、波斯刀剑、日本武士刀、中国古剑……然而，最让他得意的还是那把耗时三年打造，被他称为“明知不可为而为之”的“禅心剑”。这把剑的设计灵感源于东周古檄文，陈远芳在设计时决定在剑柄和剑鞘上焊上三百多个直径为2.3毫米的小圆点。

这么小的圆点，焊一颗还容易，但要焊两颗又不让位置跑偏就难了，更何况是三百多颗。由于难度极大，他曾经几次想要放弃，但最后都坚持下来，因为当初他做这把剑的目的就是为了挑战工艺极限，所以再困难也要做下去。

整个制剑过程需要心如止水，除了体力与耐力，更是对心性的考验，因此陈远芳为这把剑取名为“禅心剑”。三年磨一剑，陈远芳惊喜地发现，自己不但突破了工艺上的极限，内心还充满了更多向“不可能”挑战的勇气。

现代刀剑与古刀剑相比，虽然少了些历史内涵，但如有高超的锻工和研磨的技术，加上好的钢材及严谨的设计，也能弥补刀剑文化的空白，为中国刀剑的故事增添新的注脚。这些年来，陈远芳不断尝试重新再造中国刀剑的风华，也挑战不同创作风格之名剑，多次获得工艺奖的肯定，更受到许多喜爱刀剑人士的欣赏与赞美。

制作刀剑，宛如一场心灵与工艺的修炼之旅，成功的条件取决于你的态度。陈远芳常常告诉慕名而来的习刀者，改变自己就是做你不喜欢做的事，创新就是做你从来没有做过的东西。制刀是一场与自己态度、精神的对话，过程永远比结果更重要。

陈远芳还以技艺传承的观念、代代相传的理念来教导喜爱刀剑制作的学生。他常常勉励学生说：“刀剑作品的原素材虽是冷冰冰的钢铁，但如果把它当成至爱的情人，在那坚硬无比的材料上也能创造出无限的温柔和感情，为艺术品赋予灵感与生命。”

旅游攻略

交通路线	1号高速公路→中港交流道→北屯区→梅川东路→陈远芳刀剑金工艺术坊。
周边景点	位于台中市东北郊的大坑风景区，最高海拔虽仅850米，但由于属水源涵养林，加上地势陡峭，少人为开发，原始风貌迷人。两次冰河期的造山运动，孕育了此地丰富的自然资源，景区开辟了8条登山步道，结合中正露营区、体能锻炼场等休闲景点，是台中市热门的登山健行好去处。
当地美食	位于台中市市政北路3号的伍角船板，是一间充满梦幻色彩的泥巴之屋，除了装饰风格独特，这里售卖的料理相当有名，尤其是台湾咖啡与鲜奶泥。台湾咖啡顺口不苦涩，喉韵丰富，而手打的鲜奶泥，口感与奶酪相似，却更为绵软浓郁。

位置图 *LOCATION*

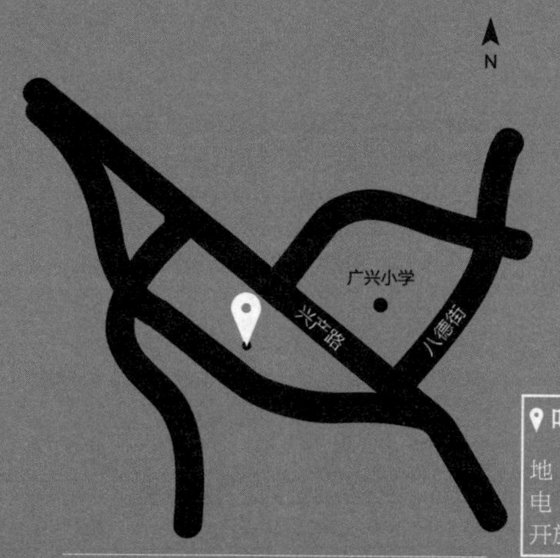

叶宝莲说，她是一个传统的人，只希望用传统的技艺制作传统点的东西，追求传统的纯粹。

叶宝莲竹编工坊

地　　址：宝莲竹编工坊南投县鹿谷乡广兴村中正一路 110 号
电　　话：04-92752752
开放时间：周一到周日，09：00~16：00，电话预约

竹编是一种修炼

text | 文丽君　photo | 叶宝莲

在台湾，谈到“竹”就会想到南投。南投是竹的故乡，最美的竹林在南投，最好的竹工艺也在南投。在众多的竹艺家中，叶宝莲是最早获得台湾最高级别工艺奖的一位，也是其中最恬静淡然、与世无争的一位。

缤纷竹艺在南投

南投的大街上，招牌林立，举目望去，除了这个“休闲农场”，那个“养生农场”外，还有许多竹家具店、竹灯笼店、竹碳饼干店、竹生活用品店……“靠山吃山，靠海吃海”，这句话用在南投人身上再合适不过，依托丰富的竹资源，南投从事竹工艺的人和企业数不胜数。

南投有一处著名景点叫“小半天”，里面的竹艺文化馆常年开班教授竹艺，叶宝莲曾是那里的讲师之一。如今，这家竹艺文化馆里的许多老师，都曾是她一手教出来的弟子，而她则安心创作竹艺的精品。

叶宝莲喜欢并擅长的，是以桂竹为原材料，制作颇具艺术性的提篮和花器。她说，南投盛产孟宗竹与桂竹，根据不同的竹材特性，每位手艺人的作品都各具特色。孟宗竹的竹肉较厚实，适合做家具，而桂竹弹性佳且亮度好，越磨越光滑，是制作竹艺品的最佳素材。

通常，叶宝莲会从竹商手里买回成竹，再剖篾、染色、烟薰、上漆，每一个步骤都由自己手工完成。她说，竹艺最难的地方就是剖竹篾，剖竹篾的技术看似易懂易学，但要剖出好竹篾，需要多年的制作经验和内心的强大。因为竹篾很脆弱，编到一半可能会断掉，导致前功尽弃，而这时候千万不能气馁懊恼，更需要平静以对，这不仅是对技艺的磨砺，更是心灵上的一种修炼。

竹艺是一种文化，也是一种修养。叶宝莲的竹编老师黄涂山也这样说："从事竹艺最需要有耐心，心静才能够编出好作品。"正是谨遵老师教诲，叶宝莲才修炼出如今这样安静的气质。

叶宝莲并没有上过专业的设计课，但谁又能想到，这个几乎连设计稿都不会画的竹艺家，只凭着一腔热爱和执著，想到一个花样就直接编，不好看就拆掉，一直拆然后一直编，在不断地自我挑战和修炼中完成了蜕变。

宝莲香自苦寒来

当许多艺文界人士尚不知叶宝莲为何许人时，2002年，她一鸣惊人，荣获台湾地区最高级别的综合工艺比赛一等奖。

台湾历来重视传统工艺的发展，自1992年开始陆续创立了各种与传统工艺相关的奖项。2001年，台湾工艺研究所开始举办工艺奖的评比，每年一次，一是为了推广台湾本土的手工艺，二是鼓励并挖掘出更多新人。此奖分为编织、雕塑、陶瓷、金工和其他五大类别，绝少颁给竹编。叶宝莲以艺术品处女作《乱中有序》夺得一等奖，成为第一位获得此奖的竹编艺人，并获得了60万台币的奖金。

那时的叶宝莲还是艺术界的新人，但她那熟练的竹编功夫，却是自小练就而成的。

因家里贫苦，叶宝莲小学毕业后便到竹器加工厂，成为一名剖竹篾的女工。成家生子之后，她因为要照顾生病的公公，中断竹编工作长达二十余年。十几年前的一次竹编艺术展，让她大开眼界，她没想到，自己从小就接触的竹编，竟能表现出那么高雅的美感。深受震撼的她，随即报名参加了竹艺家黄涂山的竹艺班。

叶宝莲

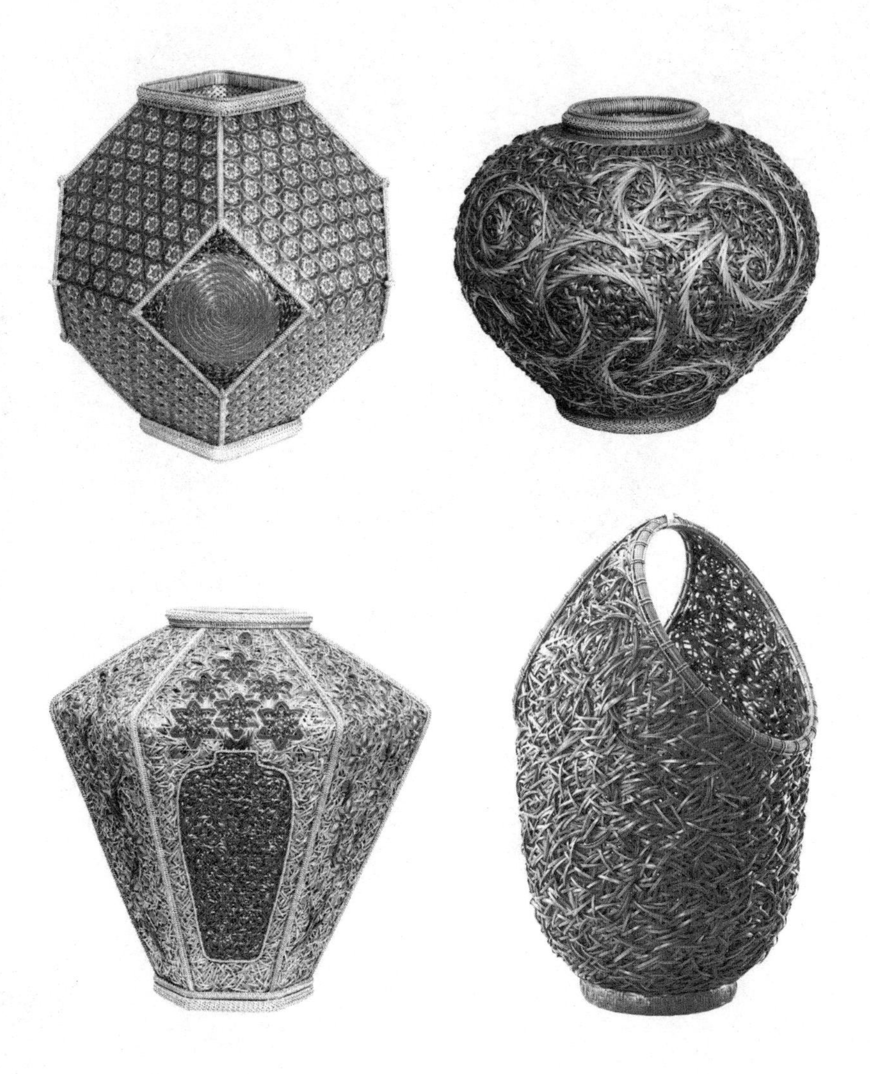

因从小就有较好的剖篾及编织技巧，叶宝莲很快就上手了。处女作《乱中有序》被认可，更给了她无穷的信心，“以前做竹编是为了生活，现在做竹编，是因为艺术。”从此，叶宝莲开始尝试突破传统技法，表达竹编创作的多元性与可能性。

成名后，许多机会也找上门来，叶宝莲总是婉言拒绝。这对讲究效率和追求利益最大化的现代人来说简直是不可思议的事情。

叶宝莲说，她做事希望做到完美，“自己不满意，对人家也无法交代，这样会不安心，生活就不舒服，所以，除了手头的工作，无论多好的事，我都不敢多想。”

我是个传统的人

多年的竹艺生涯，叶宝莲编织的竹艺品不计其数，但令她满意的却屈指可数。在她看来，最有代表性的当然还是《乱中有序》。《乱中有序》整体呈椭圆形结构，篮体采用六角孔编法，再用多片竹篾相叠缠绕穿插而成。缘口用细竹片排列成椭圆，并以藤皮绕扎结合提手，圈足运用竹篾以几何图纹编绕而成。整件作品浑厚扎实，并呈现乱中有序的美感。

其他如《波光粼粼》《巢》《凤羽呈祥》等作品，叶宝莲也还算是满意。虽然乍眼一看，它们在造型上并没大的突破，几乎都是椭圆的罐子，但细细品味，每件作品都运用了截然不同的编织手法。《波光粼粼》以绞编编制器体，表面运用鳞编法编成波纹，并经生漆的擦拭、研磨、推光，营造出了波纹闪动的效果；《巢》则以最简洁的技法运用成束的竹篾，紧密、扎实、牢靠地绕扎，错综交织中蕴藏着丰富的层次感。

叶宝莲的竹编工艺品令很多人为之折服，不仅收藏者无数，连台湾老字号食品店也愿意将其放进现代礼盒包装加以售卖。但是，仍有不少人认为，叶宝莲的作品偏传统，与现代家居陈设可能不大协调。甚至有人提出疑问，在这个崇尚环保的时代，有很多设计师都在探索设计与竹艺的结合，为什么叶宝莲不和他们合作?

对于这点，叶宝莲直言，其实曾有过这样的机会。几年前，台湾工艺研究发展中心和台湾创意设计中心推出“工艺时尚”YII计划，邀请了一些知名设计师做设计，然后由台湾手艺人完成作品，以此推广台湾手工艺。工艺时尚界的人邀请了叶宝莲，可是她拒绝了。她说：“我是一个传统的人，我希望用传统的技艺制作传统点的东西，追求传统的纯粹。”

与竹相伴的诗意生活

事实上，叶宝莲的作品并非只有传统的花器、果盘、提篮等摆件。她放在精品店代卖的竹编包，就是与时下流行的拼布技艺相结合的产物，由她做设计和造型，然后拿给拼布老师车缝，这种精美的竹编包深受时尚白领的喜爱。

叶宝莲的家在鹿谷广兴村的一条小巷尾，在那个看起来普普通通的家里，有一间并不专业的工作室，简单的陈列架上，摆着她亲手编织的竹包和竹篮，这是唯一能表明她竹编艺术家身份的地方。

她喜欢穿着朴素的布衣，将长发挽在脑后，插上自己制作的竹发簪，远远看去，如同一位从画卷中走出来的古典女子。

她喜欢在阳光灿烂的午后，轻轻泡上一壶清茶，然后在那间采光最好的屋子里盘腿坐下，随手拿起一件还没完工的半成品，手随心想，眼随手动，浑然忘我，丝毫不受外界干扰。

这就是叶宝莲如今的生活状态，做做家事，闲时以竹编为乐，花一两周时间完成一个竹编包，放在竹艺精品店代卖，一个包1万多台币。偶有工艺组织邀其参展，她也欣然应允。参展是为了推广竹工艺，她希望更多的人知道，原来竹子也有如此精美的表现力，这是一种分享。

旅游攻略

交通路线	3 号高速公路→鹿谷交流道→右转台三线往溪头→杉林溪方向→左转接台 151 甲线走到底→左转接台 151 线往溪头妖怪村方向→鹿谷→广兴村→叶宝莲竹编工作室。
周边景点	溪头森林游乐区位于鹿谷乡凤凰山麓、北势溪源头，故名溪头，海拔 1150 米，因地形三面环山，雨量充沛，全年凉爽湿润，为岛内著名的避暑盛地。景区内古木参天，林道四通八达，放眼望去，满目绿意，加以内部规划完善，住宿环境优美，遂为度假、蜜月、露营的最佳去处。
当地美食	位于中潭公路上的瓮缸鸡，以特殊做法和独家口味打响名号。瓮缸鸡选用放山鸡，搭配陶瓮、龙眼树木材现场烹烤，烤出来的鸡肉肉质鲜甜、口感细嫩。除了招牌瓮缸鸡之外，还有许多快炒、小吃、风味美食，非常适合团体用餐、聚会。

位置图 *LOCATION*

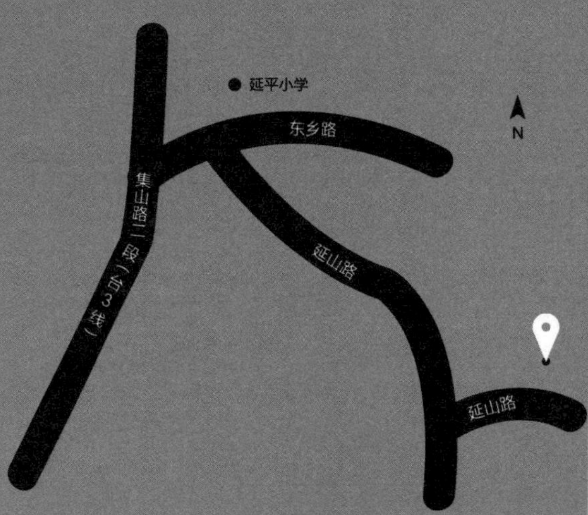

妙契自然，随石赋形，陈培泽的石雕开创了台湾石雕艺术的新领域。

攻玉山房

地　　址：南投县竹山镇延山里延山路 47-6 号
电　　话：049-2652593
开放时间：周六 09：00-16：00

石雕的另一种境界

text | 文丽君　photo | 陈培泽

一般人对石雕的印象，大多是较质朴或具象的艺术品。而台湾攻玉山房的石雕家陈培泽，却用玉雕的技法创作石雕，以抽象的方式展现创意，甚至将漆艺与石雕相结合，将石雕艺术带入另一种境界。

从美玉到顽石

攻玉山房，这个有着美丽名字的工作室坐落于风景优美的竹山半山腰。每天，在辛苦劳作和严肃思考之余，陈培泽都会到室外透透气、换换脑。这个居高临下、视野广阔的环境，对激发他的创作灵感颇有裨益。

外界都知道陈培泽在石雕艺术领域独具特色，造诣非凡，但谁曾想，他最初的艺术创作并非石雕，而是玉雕。

陈培泽是南投人，从小喜欢美术，一次偶然的机会，一位香港玉雕师傅来台湾授艺收徒，陈培泽幸运获选，由此尽得真传。出师后，他被台北一家艺术品店聘请，开始琢玉生涯。

传统的玉石雕饰，重在平安如意、龙凤呈祥、长命百岁、花开富贵等精雕细琢的图腾，表现人生的圆满。这些趋时近利的作品做得太多之后，陈培泽深感创作的乏味无趣。有一次，他有幸见识了两位台湾石雕工艺师的作品，虽比玉雕粗犷，却表现出石雕本身的朴拙感。那一刻，陈培泽久违的创作激情苏醒了。

1993年，陈培泽开始实验以玉雕的技法与思维方式雕刻平凡朴素的石头。从美玉到顽石，原本应是一个全新的体验，但对陈培泽来说，材质的改变，并不是首要克服的问题，因为长期严谨的创作，使得他的雕刻技巧已臻成熟，对任何材质都能游刃有余。最重要恰恰是思考，到底玉雕匠师的背景及对治玉思想的理解，能为自己的石雕创作提供哪些帮助，如何给自己的创作方向定位?

“在我眼中顽石和玉并无区别。”陈培泽说，“我试图跨越玉雕与石刻的传统界线，展示出一种创新思维，在治玉文化底蕴里，发展出一种石雕的新貌。”所谓“物尽其用，体尽其形，色尽其巧，刀尽其极，瑜尽其质，瑕尽其掩，镂尽其丽，泽尽其采”，成为陈培泽创作依循的指标。

然而一个现实的问题是，顽石与美玉的价格相差甚大，直接导致陈培泽的作品价格下跌。面对左手美玉、右手顽石的博弈，陈培泽依然选择了在顽石上舞动。“就我而言，价格不等于价值。工艺品本身的材质固然影响价格，但我追求的是作品能够呈现出的意义。虽然价格上有很大的落差，但我的情绪反而得到较大的慰藉，不再那么骚动不安。这种感觉有点像在枯燥疲劳的行程中邂逅一位温柔的爱侣，她抚慰了我对艺术的渴望！”

妙契自然　随石赋形

陈培泽很谦逊，在被问及最拿手的绝技是什么时，他想了一会儿，才道：“似乎我并没有什么值得一提的绝技。”或许，他早已将技艺融于骨髓，信手拈来，便是佳作。

锯剖、粗型、引洞、细雕、修饰、打磨、抛光、安置台座……陈培泽的每一件作品都是全手工完成。别人刻石头可能是一颗颗地捡、一颗颗地雕，但陈培泽不同，他是一口气买进几吨石头，然后从中挑选适用的石材，因此他使用的石种非常丰富。“我对石材并不是太讲究，无论材料的纯净程度、颜色分布、粗粝皮壳与肌理、瑕疵赘疣如何，只要善加利用，有时反而能成为特点。”

一块砂岩与太湖石共生的奇石，原本并不出众，陈培泽却独具

陈培泽

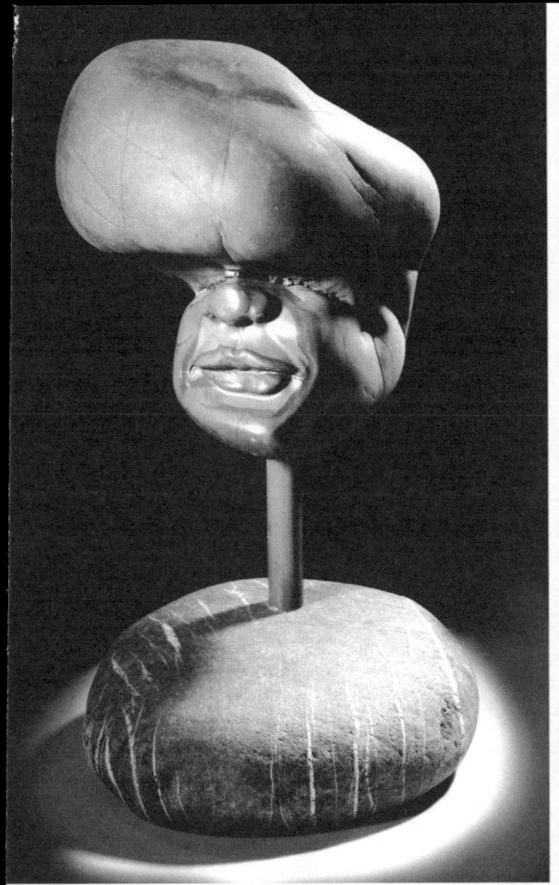

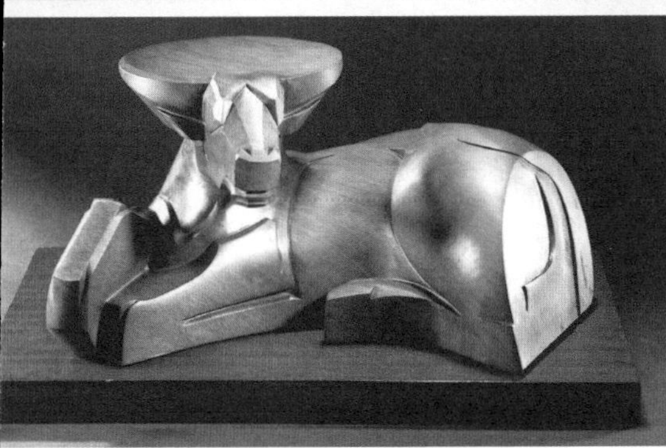

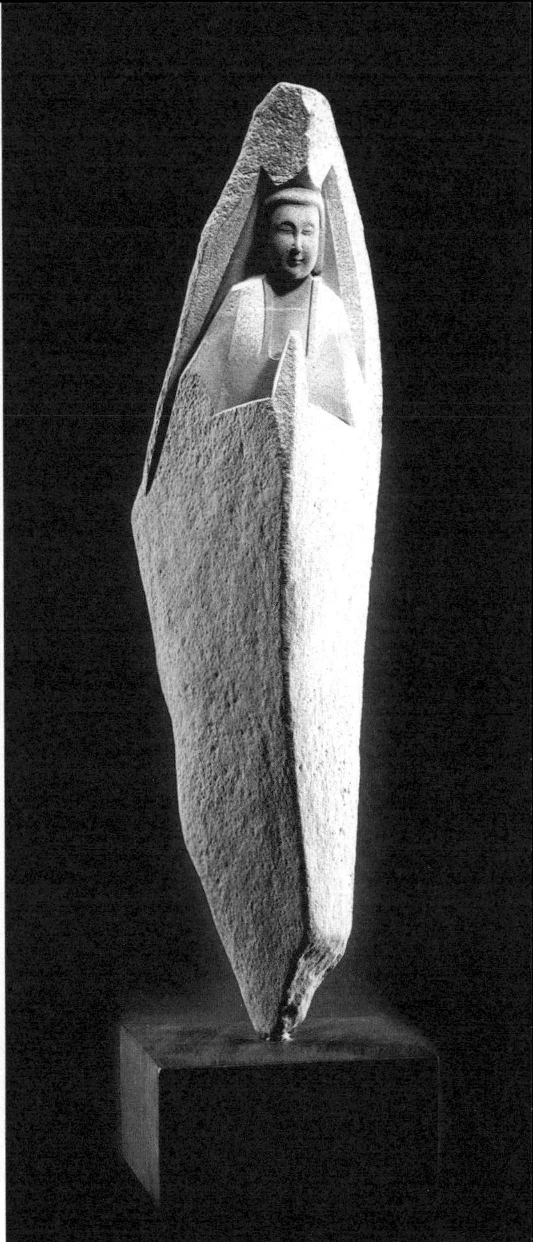

慧眼，把褐黄色砂岩及岩上粗犷的裂痕看作峻岩峭壁，墨绿的太湖石是一望无垠的森林。于是，他用简洁的线条，勾勒出壮丽的山峦和蜿蜒的流水。就在这片高山流水间，再以细腻的刀法，雕出一幅勤奋安详的农家乐。这件《山中乐岁》作品，在1996年获得第51届台湾全省美展金牌奖。即便后来获奖无数，陈培泽依然认为那是对他最重要的一个奖，因为那是一个里程碑。他的得奖，至少证明了玉雕的碾玉技法，已登入艺术的殿堂，对于从事玉石雕的人来说，是莫大的鼓励。

另一件作品《风中之子》顺应天然原石的外貌，表现了一个女孩在凛冽寒风中依然快乐戏耍的模样；《静山》以主体形象化的手段表现山的气势与气韵，“千山鸟飞绝，万径人踪灭”，减去多余的描写与细节，提炼成山的想象之境……这些作品浑然天成，有时只是简单几笔，却让整颗石头有了新的生命。

永不止步的实验家

陈培泽并不是高产的艺术家，却可以说是一位永不止步的实验家。

迄今为止，他共创作出三百多件石雕作品，综合起来约有六个系列。从这几个系列，我们可以清晰地看到他的创作思路及风格演变，看到一个从匠气到创意、从工艺到艺术、从自然到现实、从建构到解构的实验过程。

以抽象形式呈现石雕，是陈培泽的独特之处。在他看来，以具象手法创作石雕是大多数人的选择，但一个好的艺术家需要创造而不是固守，所以他尽量尝试一些新的题材，比如走向哲理、走向超现实、走向抽象……让作品显现出一种有别于传统符码的时代性与创新形式，并传达个人的思想特质。这些系列中，陈培泽认为最特别的是“超现实系列”，“超现实主义作品的想法来自于达利写实的物象与神秘的构成给我的触发；玉雕的精雕技巧给了我道具，石头的原始面貌给了我背景，我要呈现的只是故事的剧本罢了。”

跨领域也一直是陈培泽想挑战的目标。有一次，他前往日本参观漆器，被漆艺呈现的美感所震撼，“漆的永久性、东方性的特质，可以给石头带来一些颜色的变化，并能给石头贴附上如金属、贝壳、蛋壳、宝石等不同材质，以达到富丽的效果。”回台湾之后，他拜漆器大师赖高山为师，开始实验传统漆艺与石材结合的工艺。这一类作品或以天然生漆涂石雕的重点部分，或将各种漆色涂上，加以排比、层覆、磨蚀等步骤，使得古朴的石材表现出难得的炫美，再配合石雕本身的抽象风格，作品现代而前卫。

回顾过往的创作，陈培泽认为，不同阶段的作品代表了当时的想法与技术，以现在的眼光去看，当然存在需要改进的空间。就如他多年前创作的第一件石雕作品，现在看来也许不值一提，“那是一件小型头像，当时只用了一两个钟头就完成了。一种长期训练的熟稔的玉雕刀法，行之于相对松软的石材之上，能快速成型，抛光亦不必讲究，但显现的是从玉雕的精细到石雕的粗简的第一次转型，这是一种既惊奇又悸动的奇妙经验。”陈培泽说。

过去的已经过去了，唯有不断实验、不断创新，继续创作新的作品，才是一位好的艺术家该有的时代使命。

旅游攻略

交通路线	3 号高速公路→竹山交流道→台 3 线→竹山→集山路三段→ 119 号路灯左转进东乡路走 200 米→右转进延山路。
周边景点	紫南宫建于清乾隆十年，供奉福德正神。民众最爱上紫南宫祈求生财，据说皆能如愿，因此香火旺盛，每到节假日前来祈求和还愿者，为数众多。紫南宫还有吃丁酒，是由早年妇女求添丁如愿传承下来的感恩活动。紫南宫富有浓郁的人文气息，是值得一游的胜地。
当地美食	竹山下横街的连兴宫妈祖庙旁，有一个美食广场，每一种小吃都有二三十年的历史，传承三代的林珍猪美馔就是其中之一，招牌有粉肠和大肠糯米。用粉和猪肉灌成的粉肠吃起来嫩嫩的，沾上酱油更是美味；大肠糯米则是将猪大肠洗净后灌入糯米，蒸熟之后切片，外皮嚼劲十足，糯米粒粒分明，软硬适中，是熟客必点的小菜。

iPhone壳、提篮、竹屐、菜单……大禾的竹制品不仅精致巧妙，还处处暗藏玄机。

位置图 ***LOCATION***

N
集3路（台3线）
瑞竹巷
大明路（台3线）
鹿山路
竹山路
集山路
下横街
妙香大肠蚵仔面线

大禾竹艺工坊

地　　址：南投县竹山镇延祥里瑞竹巷 261 弄 24 号
电　　话：049-2635206
开放时间：周一至周六 08：00-17：00
周日及假日 08：00-18：00

竹中有玄机

text | 文丽君 photo | 刘文煌

竹子能做成什么？是竹筷、竹席，还是竹篮？走一趟台湾南投竹山经营近三十年的大禾竹艺工坊，你会惊讶于竹子也能制成3C数码配件、精美餐具，甚至成为令人把玩的玄机盒。这其中的奥秘，让众人疑惑。到底怎样才能解开竹盒玄机的秘密？

第1号玄机竹盒，让德国奔驰的汽车工程师一筹莫展；第17号玄机竹屐，让人永远不知道你的私房钱藏在哪里……从早年的实用生活品，摇身成为极具个人品味的收藏精品，古老的竹子产业，在大禾主人刘文煌的手中，玩出了新生命。

翻菜单也要有技术

刘文煌的大禾竹艺工坊就深藏在台湾南投的竹山镇，一个风景宜人的高山地带。造访大禾竹艺工坊最大的乐趣，就是“玩”。来到工坊就像来到一间百宝屋，不大的参观会场可容纳50名参观者，里面摆满了主人各种各样的创意作品，小到竹筷，大到桌椅、雕像，应有尽有，而且个个有创意。这些看似规整的竹艺品，不仅外观有着光滑的竹面和细致的接缝，更有趣的是，必须经过特殊的方式才能将带有玄机的盒子打开。如何解开其中的奥秘？出题者与解答者在乐趣十足的斗智斗巧中皆大欢喜。

在竹艺展览室，刘文煌拿起一个用竹子刨光后制成的讲义夹，面上写着“菜单”。只见夹子四周紧密，既没有钮扣，也没有缺口，如何打开它？“只要心诚念佛，就能打开。”这便是刘文煌向众人指点的迷津。说完他低头闭目，双手合十，嘴里念了声“阿弥陀佛”，右手轻轻一翻，果真打开了！

当然，所谓的念佛只是玩笑话，其实菜单上设计了两根铜条，必须先摇一摇，把铜条晃到同一边，再用手按住角落，让另一根铜条掉到反方向，最后将菜单放平整就可以打开。

除了这个菜单，展览室里还有各种暗藏玄机的竹制小物品，竹屐、金字塔、卷宗柜、八卦盒……虽然外观看起来很普通，但若不知晓个中诀窍，绞尽脑汁也未必能打开。八卦盒需要利用易经卦象与卡榫原理来解锁；1号玄机盒则利用了铜板承重功能，当盒子倾斜到45度时，将竹片拉下呈水平状，才能打开，而放平后，竹片又能形成扣锁，自动关上。

“做”出来的人生

每个竹盒的玄关设计都是如此地别出心裁，其设计过程让人好奇不已，而这全都出自刘文煌那一颗攻读畜牧系的脑袋。他并非设计专业出身，设计玄机盒对他而言，不光是“想出来”而已，如何“做出来”才是最大的考验。

自认上辈子大概是木工的刘文煌，做起手工活来得心应手。三十年前，他退伍后回到家乡南投竹山。这里有得天独厚的自然环境，以竹而闻名。满山的竹林，郁郁葱葱，悠然娴静。在家乡绿意盎然的青翠竹林里，他迷恋上竹材的强韧与柔美、美丽与坚强。于是，他买了两台老旧的“夹具”，便开始了竹艺生涯。

最初，他和妻子以做代工为生，但光是从事工艺品的代工，并不能满足他的愿望，闲暇之余，他开始构思一些特别的竹器产品。22岁那年，他设计出第一代玄机盒。一家台北的工艺品店知道后，便一口气定了30个，这可把初出茅庐的刘文煌乐坏了。为了增加销量，他将单价压得很低，可结果却是，订单越多，他却赔得越多。

原来，玄机盒的制作比一般竹器来得精细讲究，成本很高，在

劉文煌
刘文煌

收支难以持平的状况下，刘文煌终于决定自创品牌。1980年，“大禾竹艺”正式诞生。

有了自己的品牌，他开始潜心钻研起竹材的烧烤、弯曲、编制、雕刻等传统工艺。虽然没有学过木工，没有学过设计，刘文煌却在竹工艺界创下许多得奖记录，还创造性地把竹子做成积层竹板，让竹材可以像木材一样，被制作成各种家具制品。

竹子是空心的，需要付出诸多心血才能把它拼接成一个板材。因其难度大，费时多，大型木工厂都不愿意做，这才使得刘文煌有了夹缝求生的机会。竹子的处理有着极其复杂的程序，必须先去青与剖竹，通常只取0.5厘米的厚度制作，经过多次高压胶合，才能做成符合要求的竹板。再运用木工技法支撑作品，经七道程序——先上底漆五次，再上面漆两次，才完成初步的作业，竹子的毛细孔才会密实。然后，放进特制的原型铁锅蒸煮，做碳化处理，最后使用消光漆。所有的环节都需要一丝不苟地完成，容不得半点马虎。

坚持与创造，一步三十年

像玄机盒这样趣味盎然，集智慧与精湛技术于一身的工艺品，很快便得到社会各界的认可。大禾竹艺采用手工生产、限量销售的模式，最大限度确保工艺品的品质。例如玄机盒，生产一个平均得花两周时间，每款玄机盒最多限量24个或36个。在单价不菲的情况下，市面上常常出现仿冒品，但刘文煌并不在意。

大禾竹艺在发展中有着自己的原则，创意研发放首位，绝不抄袭。每一种新的产品设计一面世，便马上被人“发扬光大”，刘文煌也只好自嘲说，人生不就是这么一回事吗？在创作过程中不能想着这件作品能不能赚大钱，也不能心存贪嗔痴，这是他的原则。只要心里有恶念，就无法创作出好作品。因此，尽可能在有生之年，多创造一些idea，不只单单做商品的行销，而要做出感动人的东西，这便是他的期望。

刘文煌的这些竹艺品，六度获得台湾工艺研究所评选的生活工艺最优奖，他自己也当选“工艺之家”。将被人视为“穷人木材”的竹制家具，提升为具有文化创意的精品竹制家具，这一步他足足走了三十年。

在刘文煌眼里，竹艺的世界没有矛盾只有融合，没有复杂只有简单。看到他的满头白发，以及百宝屋一般的大禾竹艺工作坊，人们不得不佩服他数十年来投入竹器制造的用心和努力。他最引以为傲的是自己运用多处隐藏扣锁、插榫和重心原理，7次打磨锁头机关设计而成的玄机作品，如今已有50件。这些作品每一件的开合机关都不重复，不用一颗螺丝，也不需要钥匙开锁，花了他近三十年的光阴。他曾给自己立了一个誓，希望设计到100个，这一辈子余愿足矣。

旅游攻略

交通路线	3 号高速公路→竹山交流道→竹山→台 3 线约五里→瑞竹巷→大禾竹艺工坊指示牌。
周边景点	建于 1875 年的八通关古道，是台湾清治时期所建的横贯台湾本岛东西部的三条道路之一，也是目前仅存的一条。该古道西起南投县竹山镇，东至花莲县玉里镇，全长 152 公里，是台湾一级古迹，沿途都是高山峡谷、森林，风景优美。
当地美食	位于竹山镇集山路三段 913 号的小吃店，有一种非常受欢迎的妙香大肠蚵仔面。它用两种粗线不同的手工面条混合，搭配从嘉义东石港新鲜直送的蚵仔，卤制六小时入味的大肠，配上独创的酱汁和冬虾提味，成为很多竹山人温暖的小吃美食记忆。

位置图 *LOCATION*

对曾明男而言，陶艺创作不但是一种行业、技艺，更是一种生命经验和艺术理念的具体表现。

曾明男工作室

地　　址：南投县草屯镇中正路 437-47 号
电　　话：049-2553840
开放时间：周一至周六需先预约
周日 14：00~17：00

曾明男的两亩田

text | 文丽君 photo | 曾明男

土，是陶艺的基本素材，也是在艺术上与曾明男关系最为密切的东西。如何把土变成深具艺术感、有乡土味道、有芳香和个人风范的泥土，是他一直以来努力的目标。

从艺三十载，57岁出国留学，催生台湾艺术大道……曾明男在陶艺路上努力前行，孜孜不倦，或许如他自己所讲，这大概由命名起就注定了。

放牛娃登月球

“整天不读书，光做这些土尫仔，将来你要靠它吃饭吗？”急着下锅煮饭的母亲，看着炉灶里塞得满满的“泥塑动物”，生气地骂道。没想到，母亲一语成谶，曾明男真的将陶艺作为自己一生的正业。

1937年，曾明男出生于澎湖望安岛。对他而言，家乡的女人种田、男人出海捕鱼，是已经延续了千百年的宿命。小学四年级的时候，因为天生喜爱美术，对充满数字的数学很不喜欢，有数学课的日子他就逃学，后来干脆休学，当起了放牛娃。12岁那年，曾明男随母亲搭船到高雄，在那里，他看到了城市的繁华，看到了除故乡望安岛之外的另一个世界。“澎湖的晚上都点煤油灯，我第一次看到电灯，又看到汽车、火车，还有宽阔的马路、大船……那种感觉好像自己登上了月球般，很震撼！”回忆起六十余年前的感受，曾明男依然语带兴奋。

回到望安后，他不再当放牛娃，要求继续上学。因为他意识到，唯有读书才有机会摆脱宿命，于是排除万难，一路自筹学费，只求能获取更多的知识。因自小爱好美术，他除了读完艺专的美工科学业外，快六十岁时还成为英国渥罕顿大学的美术硕士。

把曾明男的名字拆解开，有两个“田”，“八日”，“日、月”和“力”，他解读成：两亩田、一周工作八日，日以继夜，努力不懈。其中的“两亩田”是他的作品和家庭，他总是每天忙个不停，一直很努力。

挖掘自我文化

“身为台湾人，台湾是我们永远不变的乡土。”曾明男一步一个脚印地累积着个人的功力和对台湾陶艺的影响力，塑造他一向在强调的“自我文化，台湾特色”。

陶瓷的制作过程分别为成形、施釉和烧制。拉坯为成形的重要步骤之一，但除了拉坯成形，曾明男也常以干裂、打击、印纹、击蚀等方法表现泥土的质感，有别于只讲求釉彩的创作方式。童年对于“泥土”深刻的记忆与情感，使他特别注重泥土的属性，并藉以呈现作品自然的生命力，展现岁月刻画的痕迹与流动感。

中国陶瓷传统的表现重点大都放在釉彩上，曾明男也善于利用釉彩来表现陶瓷的肌理。早期他偏爱无光铁红釉，将其运用在诠释生命题材的作品上；从1990年起，他开始喜爱蓝宝石釉在陶板上带来的明亮饱和色调，那像极了他记忆中的那片最爱的海洋；近年来，除了把有半透明效果的青瓷釉使用在有裂纹肌理的造型作品中，他大胆尝试着将繁体汉字书法的笔触和线条运用在现代陶艺上，不管是具象或抽象的作品，从作品的点、线、面、体等方面都可以感受到他对书法“力道”的经营。

“定州花瓷琢红玉”是文豪苏东坡对铁红釉的称许。曾明男的《铁红罐》即以鲜丽的红渐次铺展出淡黄与白，并于白色之处书写

曾明男

草书，呈现出如蝉翼般的细小网状裂纹及光泽，体现出古典与现代的融合。《淑女》则是另一件将草书线条表现于陶艺中的作品。作品中垂首的女子有着中国女性含羞带怯的温婉，流畅的线条、去除具象的枝节，简约形塑出古代女子的风华。整个作品蕴含着静、定之禅风。

曾明男喜欢以鸡的造型来创作作品，除了吉祥之因，还有个人的情怀因素。小时候他很喜欢宠物，特别是小狗，但家境贫穷，养

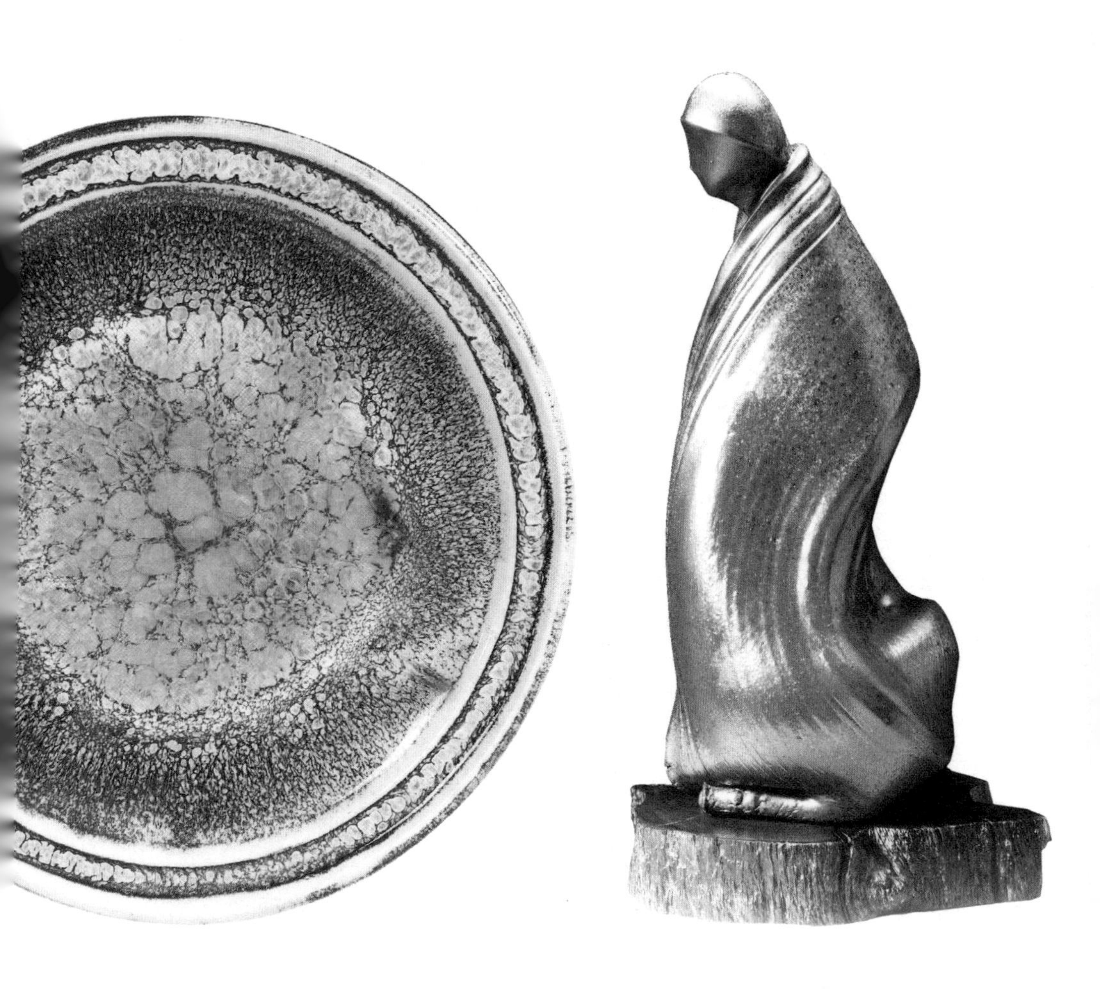

不起小狗，于是他退而求其次，以小鸡代替。在创作时，鸡的形象总是在他脑海中浮现，而他也非常擅长把握鸡的动态与神韵，原因就在于此。

对曾明男来说，陶艺“不仅是一种技艺、一种职业，更是一种语言，也就是我的代言人。如何使它具有我的个性、地域性、民族文化性和时代性，一直都是我追求的目标。”

台湾艺术大道

身为台湾陶艺的推手龙头，曾明男不仅在艺术创作上有着鲜明的特色，在艺术推广上也不遗余力。他不仅开创了志上陶艺展，筹组台湾最早的现代陶艺团体“爱陶雅集”，创设了台湾陶艺学会，更一手催生了台湾艺术大道。他常自嘲“鸡婆”性格难改。

二十多年前，40多岁的曾明男卖掉了位于台北新庄的两间公寓，将卖屋所得的40多万新台币全部花在了与妻子的为期一个月的欧洲之旅上。异国的建筑、文化、景观，深深感动了曾明男，他暗下决心：要在台湾建立足以媲美欧洲的艺术聚落。

返台之后，曾明男就开始寻找合适的地点，经不断寻觅，最后决定落脚南投草屯。他卖掉了台北市和平东路的房子，在草屯买了1200坪（1坪≈3.3057平方米）的果园，搭建房舍，做庭园设计，成立了个人陶艺工作室——虎山窑。同时，他积极走访南投当地的艺术工作者，阐述自己的理念。在大家支持下，台湾艺术大道促进协会成立，“台湾艺术大道”的概念也随之诞生。

从南投草屯的台湾工艺所，沿着中潭公路到日月潭，沿途风光明媚、气候宜人，不但适合人居，各种自然景观对需要灵感的艺术工作者来说也非常有帮助，并且这一带的交通建设比较完善，往来十分便利。曾明男认为，如果可以用各种方式邀请艺术工作者把工作室迁移到这一带，中潭公路沿线就将成为名副其实的“台湾艺术大道”。

等到“艺术大道”成形之后，游客们会因为有大量艺术家聚集在这一带，从而愿意来此进行艺文之旅。而观光客涌入之后，会购买艺术品，也会在当地消费。对艺术家而言，能够从中获得实质性的回馈来支撑他们继续创作；对台湾民众来说，多了一个接触艺术文化和艺术家生活的旅游目的地，有助于提升自身的文化素质；对西方观光客来说，台湾给他们的印象也不再仅仅是杀蛇、槟榔之类，而多了浓厚的艺术气息……

然而，台湾艺术大道不同于一般的建设，五年或十年就告完成，它是一个大型而长远的观光艺术文化大社区，是一种百年事业的永续经营。经过二十多年的推广，目前已有二十多名不同类型的艺术工作者在艺术大道买地，将近十名艺术家正式成立了工作室，虽然还没有达到曾明男理想中的50～100名，但也算小有成就。

不过，曾明男坦言，政府给予的协助始终不够，很多事情他都心有余而力不足。他希望，相关主管机关能够有魄力地为后代子孙做一些长远的规划，让孩子们不必到欧洲，也能感受浓厚的艺术气息。

旅游攻略

交通路线	3号高速公路→草屯交流道→芬草路→博爱路→中正路→左转中正路437巷→曾明男工作室。
周边景点	盘石瀑布距草屯镇约13公里，瀑布发源于海拔809米的梓湖山西南麓，瀑水从数十尺高的崖壁倾泻而下，冲势极猛，远远望去如一道长虹，水声隆隆作响。盘石瀑布所在溪谷中原始森林密布，遍地奇岩怪石，景色秀丽。
当地美食	宜珍斋饼铺创立于民国时期，闻名的有白雪酥、小月饼、凤梨酥等糕点，除了传统的古早味，入口即化的口感及真材实料也让顾客回味无穷。此外，宜珍斋的素食面包也很有名，深受佛教团体的喜欢。

位置图 *LOCATION*

往6号高速
东草屯交流道

N

永安路

陈府将军庙

往埔里

中正路（台14线）

南坪路

缘于漆园中的“庄周梦蝶”，取自“庄子知鱼乐”中的逍遥悠游，成就“游于艺”的生活美学，就是黄丽淑“游漆园”的由来及创办宗旨。

游漆园

地　　址：南投县草屯镇中正路358-40号
电　　话：049-2564614
开放时间：周一至周四13：00~16：00（事先预约）

游心于漆艺

text | 何心 photo | 黄丽淑

春秋战国时，宋国蒙城有位漆园吏。在漆园中，他梦为蝴蝶，栩栩然蝴蝶也。

南投草屯，如今有位漆艺家，盖了间名为“游漆园”的工作室，邀请大家一起来参悟庄周梦蝶的逍遥美学。

梦想的庄园

“游漆园”的主人叫黄丽淑，是谈及台湾漆艺时无法忽略的人物，其漆艺创作结合传统与新意，在艳彩中有其简洁与典雅，被公认为当代台湾漆艺最具代表性的创作者之一。

慕名前往黄丽淑的工作室拜访时，她正小心翼翼地用镊子夹起1厘米左右的蛋壳碎片，按照漆盘上描绘好的图样进行粘贴。她那专注的神情，让一旁观看的人都屏住了声息，生怕惊扰了她手下的沉着。很快，糯米桥洁白的桥身便在她的手下渐渐显现出来。

年过六旬的黄丽淑，丝毫不见岁月在她身上留下的印迹。她热情地招呼我们，带我们参观她的创作根据地。

这是一个占地千余平方米的园区。青山下，槟榔成林，芭蕉成片，山泉从层层叠叠的水池流淌而下，再绕园而去。园内，水声淙淙，凉风习习；山间，空气清新，雾气蒸腾，不由得让人想到庄子的漆园和王维的辋川。“这个园区就是我的梦想，里面的一草一木、一砖一瓦都是我的心血，这真的是梦想的庄园。”黄丽淑说。

一沙一世界，一花一天堂。曾有人感叹说：“黄老师您真辛苦，退休之后还要献身于工作室的创作。”黄丽淑笑而不语。“人不是鱼，又怎知鱼儿快不快乐？”或许黄丽淑的心境正如那鱼儿，别人看她忙碌不得闲，她却是乐活其中，至情至性，悠游自得。

正是凭藉这种自信与对生命从容不迫的态度，黄丽淑将工艺与设计的范畴跨界到生活美学，犹如孔子在《伦语·述而》中所阐述的：“志于道，据于德，依于仁，游于艺。”当漆器发声，一切回到体贴、从容与细致。这时，器物的使用，将成为幸福的享受。

当竹遇上漆

作为台湾目前对各种漆艺技法皆擅长、学术研究涉猎最广、最深入的漆艺“达人”，黄丽淑却表示让自己敲开工艺之门的并非漆艺，而是竹艺。

当年，原本在屏东里港中学教导美术的黄丽淑，因丈夫的工作关系搬到了南投，转任竹山高中教职。因这里的竹编外销生意很好，学校希望黄丽淑能教授学生制作竹制品。那时的黄丽淑对竹艺一窍不通，反倒是山里的孩子教她认识了各式各样的竹子。后来，黄丽淑转到“台湾省手工业研究所”（现更名为台湾工艺研究发展中心），在设计组从事产品开发的工作。

“开发竹材产品是我的主要课业，但竹的水分多、易发霉，寿命不长。我一直想着要如何提升产品的附加值。”黄丽淑说，“后来，我看到日本花道运用了很多漆黑的竹篮当花器，显现出古朴之美，知道他们使用生漆，于是我也去买来自己瞎抹。大概天生注定要吃这碗饭，因为生漆会让某些体质的人产生过敏，可我却从来没被漆‘咬’过。”

就这样，黄丽淑首次接触到天然漆。后来，一位漆器从业者告诉她，要做真正的漆器，就要去请教台中的一位老师傅。那位老师傅就是后来黄丽淑的漆艺老师——陈火庆先生。在陈师傅家，黄丽淑见识到漆器多重的色泽流转，竟能同时展现出华丽与温润的深层

黄丽淑

樱丹無心争艷
蜂蝶有意逐香
2013

感受。“我当场就折服在漆器之下。”随即，黄丽淑向研究所所长提议请陈师傅到所里教授漆艺，顺理成章地，她也成为陈师傅仅有的十位学生之一。

基于对艺术创作的热爱与工艺发展的使命感，除了向陈火庆学习漆艺，她还向更多的人请教：跟黄涂山学竹编、到日本东京文化财研究所向中里寿克学莳绘、到琉球工艺指导所学堆锦、到福建学习中国传统漆器技法、向普通手工业者学藤材单螺旋缠绕法、向传统匠师学漆线与贴金箔……这些学习不仅让她的作品结合了木、竹、藤、漆等多项媒材的技艺，独具匠心，也充实了她日后创作与教学的深度与广度。

在创作之余，黄丽淑积极参加各项展览。在她看来，展览是最直接的推广活动，尤其是当时从事漆器工艺的人很少，能具体表现漆艺之美的展览是对漆艺最好的宣传。1987—1989年，黄丽淑以竹编及漆器的创作连续获得台湾美展首奖，也让作品获得了永久免审查的资格。她还积极推动漆艺教学，推广“工艺生活化”理念。她知道，只有更多的人了解漆器的美好内在，才能进一步体会到生活的美好。

期待漆之美

欣赏黄丽淑的作品，常常会因画面传达的故事而感动。她擅长“由景入情、以情入境”的创作，以生活中的点点滴滴与四时变化为主题，分享日常中的小小幸福，带领大家亲近漆艺美的世界。“我每天都会关注园区里的花花草草，每长一片嫩叶都会让我很受感动，我很少去做无法让我感动的东西。”

虽然漆器最终呈现温润深沉之美，但做漆器是一件很艰苦的工作。传统漆艺得从打底工作做起，固漆的打底的第一道工序，在胎体上涂抹生漆，可以填充器物毛孔，防止器物干裂、变形。然后以麻布裱糊器物。这是中国漆工艺的重要技术，在这个过程中，生漆起到粘合剂的作用。待胎体阴干后，接下来是批灰。批灰有三道工序，粗灰、中灰、细灰。粗灰是生漆与粗瓦灰调和而成的混合物，上完粗灰并阴干24小时后，用粗砂纸将胎体打磨平整，依次上中灰和细灰。为了让漆胎更加坚固美观，还需给胎体上黑漆。“通常黑色的漆要刷两道，这样才有一定的厚度。”

黄丽淑的漆器通常给人绚丽富贵之感，因其多用彩漆晕金的技艺。彩漆晕金是利用金银粉的疏密进行渲染的描绘方法。在彩漆将干未干之时敷上金银粉，金银的光泽与漆融合在一起，就会产生艺术性的朦胧美感。用金银粉将图案铺满后，需涂抹上一层罩面漆，保护漆器上的图案，“漆本身带琥珀色，所以透明性越好的漆，底层的装饰就越分明越漂亮。”

通常，一件作品要涂四道罩面漆，每道都需阴干后再进行研磨。打磨后的作品表面细腻平滑，但缺少光泽，这就需要进行推光，让漆色更加圆润。“推光后它会有非常温润的光泽，摸起来就像是婴儿的皮肤一样细腻。”黄丽淑说。用手摩擦产生的热量，会使漆器表面的漆软化，让漆器形成独特的纹理与光泽。她介绍，要推出上乘的漆器，需推上千遍万遍。

经过数十道工序完成的作品，还得等一段时间，底色才会逐步显露，呈现出丰富多彩的美。“这叫作漆开了。”

漆艺之美，在于我们永远不知道，在这朦胧不清的漆下面，隐藏着怎样缤纷的色彩。“漆是黑漆漆嘛，你放在底层的颜色，会期待它的显现，那种期待也是一种美。”黄丽淑被这未知神秘的美深深吸引，如此便是与漆艺一生的相伴。

旅游攻略

交通路线	6 号高速公路→草屯交流道→中潭公路→台 14 线→丽淑漆坊。
周边景点	登瀛书院，位于南投县草屯乡史馆路文昌巷。主体为一单进三合院建筑，中央为三开间正殿，一旁有过水廊连接两侧厢房，格局颇为独特。书院的装饰风格淡雅肃穆，院里主祀文昌帝君，陪祀朱子、文魁，皆为民间信仰中保佑读书人的神明，因此每逢考季，常可见到供桌上摆满了准考证，饶富趣味。
当地美食	望溪楼的素食套餐，有“百草炒饭”，用草屯香米加上中药、杏鲍菇、松子等炒成，可口又养生，配上腌得像海蜇皮的“珊瑚草”，口感更好；“清炖蘑菇汤”经过数小时熬煮，味道鲜美；时菜、薯饭都是有机食材，吃起来美味又没有负担。

位置图 **LOCATION**

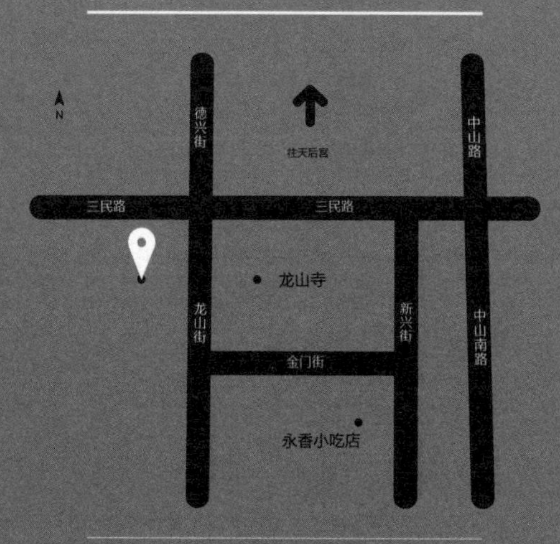

锡，原本是与生活紧密相关的民间工艺，却因时代变迁，一度式微。陈万能以惊人的毅力、求变的决心、精湛的技艺，为这项即将失传的工艺开辟出一条复兴之路。

万能锡铺

地　　址：彰化县鹿港镇龙山街 81 号
电　　话：04—7777847
开放时间：周二至周日 09：30~17：00（需要预约）

让锡艺重生

text | 文丽君　photo | 陈万能

听到鹿港，总不免忆起罗大佑的《鹿港小镇》，但这个传统小镇，出名的可不止一首歌、一条街、一座庙、一碗美味小吃，台湾诸多即将失传的手工艺在这里依旧稳稳驻守，代代相传，位于一级古迹龙山寺对面的“万能锡铺”便是其中之一。主人陈万能以自己的名字当作店名，自1979年开铺至今，已坚守近四十年。

锡，福之所依

陈万能的祖籍是无锡同安，祖父那一辈就以打锡谋生，清朝末年移居嘉义鹿草乡，后来又转到鹿港，从14岁起，他便跟着父亲学习打锡。

陈万能遇到的，正是锡艺市场最没落、最惨淡的年代。

20岁退伍回家时，陈万能发现鹿港的锡业几近绝迹。他一边无奈地改行学做印刷，一边也在苦苦思索逆境求生的方法。一次偶然的机会，陈万能想到一个新点子，将供桌上原本各自独立的“柑灯”与“龙烛”合二为一，打造出创新的龙柱灯。

作品完成后，陈万能决心给自己和家传锡艺一次机会，便借钱买了张前往台北的单程车票，找到龙山寺附近的一家佛具店。没想到店家看都不看一眼就说：“你做得再好也没有用。”因为那时锡艺早已没落，东西根本没有人买。

失望之余，陈万能仍恳求店家能看一看他的作品，因为若是店家不买，他连回程的路费都没有。得知他是自己的一位鹿港朋友介绍来的，店家才勉强打开包袱，没想到，他第一句话就问："这东西你带了几对来？"

原本姿态颇高的店家，立马对陈万能毕恭毕敬，希望优先获得货品。这次成功，让陈万能大受鼓舞，同时也获得了启发，原来，创新才是活路的保障。

在传统中寻求创新

陈万能有一句名言："昨日的创新，就是今日的传统；今日的创新，就是明日的传统。时间一直在走，不会停下来等我们。唯有不停下脚步地努力创新，才能开创自己的路。"

如今，陈万能的锡铺是台湾锡艺面临衰亡之虞却得以一息尚存的关键。虽然台南、嘉义、鹿港也有零星的制锡手艺人，但那些工匠基本是在家里打锡，"他们是没有店铺的，客人有需要时，就上他们家里去下单。而且他们基本只会做传统的拜神用品。"陈万能说。

而陈万能经过夜以继日地实验与改良，早已独创出一种锡片冷锻技法，将传统的形制加以改良，跳出祭祀用品的局限，创作出许多富有艺术性的立体锡雕，将锡器提升为锡艺，开拓出台湾百年锡工艺史上前所未有的新格局。

在陈万能看来，锡艺未来要走的活路，最重要就是要有真材实料。早前，一般人普遍认为锡器必须具有重量，那是真材实料的保证。为了迎合顾客，许多工匠刻意加入比例不小的铅材以鱼目混珠，但时日一久，铅材容易变黑，且因重量的增加导致器物变形，反而进一步恶化了锡艺市场。陈万能主张以纯锡创作，只加入1%的其他金属以增加硬度。纯锡为银白色，结晶成鸡丝状，以锡片冷锻塑型、焊接，作品表面除呈现细致纹理之外，更有宛如月光的银白光泽。

除此之外，陈万能在题材上也大胆突破。1986年，他首次尝试人物题材，凭着对民间故事、宗教文化的熟稔，他将千里眼、顺风

陈万能

耳、济公、钟馗、达摩、门神、四大天王等形象都用锡雕的技法来表现。从人物延伸到花鸟、走兽、鱼龙……从装饰性工艺品到生活实用品，包罗万象。他还将古老的谐音、吉祥的蕴意，隐含在作品之中，比如“禄”就是“鹿”，锡做的“虎”就含“惜福”之意，让作品在推陈出新之中又不失其传统的根基。

难在哪里?

陈万能的作品讲求从无到有，不以灌浆制作，才有价值。

“我们这种工艺跟木雕是相反的，木雕做减法，一直削，我们是一片片加。客人喜欢什么样式，我们要自己画图，然后剪出造型，再敲打成型。”陈万能耐心地讲解着锡艺作品的制作。当一片片锡片经焊接和敲打，达到预想中的雏形后，就需要制作一个不锈钢支架，从作品底部放进去，为作品加固，防止变形。

就在作品《顺风耳》、《千里眼》刚完工那年，台北“故宫博物院”有两位专家专程到陈万能的工作室看作品，他们围着作品研究了一会儿，说：“你这个没什么啊！”陈万能谦恭地向两位专家求指教。专家说：“里面有胎啊，要么是木胎，要么是金属胎，没什么大不了的。”陈万能轻轻拿起作品翻过来，专家顿时傻了眼，里面居然是空心的，不禁连声赞叹，这工艺确实了得。

“若是实心，一件作品就得耗锡十几公斤，重且不说，光是原料用十间仓库来堆放也是不够的。”

台湾并不产锡，陈万能的锡材大都从马来西亚进口，但说起这个以锡艺闻名的国度，陈万能有自己的看法。“马来西亚的锡艺品，大都是机器量产，而我是用手工制作，每件作品都不会重复。”

也正因如此，陈万能的作品产量很低。一件看似简单的半浮雕作品，往往要费去两个工作日来制作；大件的作品如八家将的三件组或关公的三件组，需要8个月以上的时间。“半浮雕是最难做的。因为要让平面的东西看起来有立体感，很不好把握，稍不到位，老虎就像猫了。”

目前，陈万能创作的最大的艺术雕塑是展现力与美、象征风调雨顺的四大天王，制作时间差不多用了两年，花费材料也最多。“对这么大的形体，掌握是很困难的，手、头还有身材，每一个步骤都要分解，然后结合，这种创作的方式，跟纽约的自由女神有异曲同工之妙。”

锡艺是个辛苦的行业。陈万能曾收过几个徒弟，但大多学到一半就跑掉了，因为太累、太辛苦。“热”是一个主要因素，尤其是夏天，一件汗衫从早到晚都是湿的，浑身出汗的感觉就像在被淋了雨一样。

只是，陈万能没想到，三个儿子会继承他的衣钵。陈家第四代的陈炯裕、陈志扬、陈志昇，有的在欧美留学后回来投入到锡艺，并为其加入现代艺术和行销概念，而老四陈志昇甚至获得了台湾工艺竞赛传统工艺类一等奖。对于儿子们的创作，陈万能评价说：“年轻人在造型和动感上技术还不够，但其他方面做得比我好。”

在人生第七十个年头，陈万能以台湾当代锡工艺大师的地位，被“文建会”指定为“人间国宝”，2012年，他再获第六届“工艺成就奖”。虽然摘得工艺界的至高奖项，陈万能的生活却并未因此改变。每天，他依旧带着儿子们在铺子里进行锡艺品的制作与创新，一会儿炭火加热，一会儿榔头敲打，虽然辛苦，却不亦乐乎。

旅游攻略

交通路线	1号高速公路→鹿港交流道→鹿港市区→龙山寺。
周边景点	万能锡铺的对面就是一处有名的旅游胜地——龙山寺，它修建于清乾隆四十二年，供奉的佛祖是从福建泉州晋江安海龙山寺分灵而来，而龙山寺的建筑材料也是从泉州运送过来的，占地约5000平方米，被认为是现今台湾保存最完整的清代建筑物。
当地美食	永香小吃店位于龙山寺旁的金门街，店里的招牌面，有自制的肉丸和虾丸，味道很不错；卤肉饭、小菜也是很多老顾客必点的小吃。在香肠、鸡卷、卤蛋、白切肉当中，咬起来香香酥酥的鸡卷特别令人难忘。永香小吃店每天营业五小时，下午四点打烊。

位置图 *LOCATION*

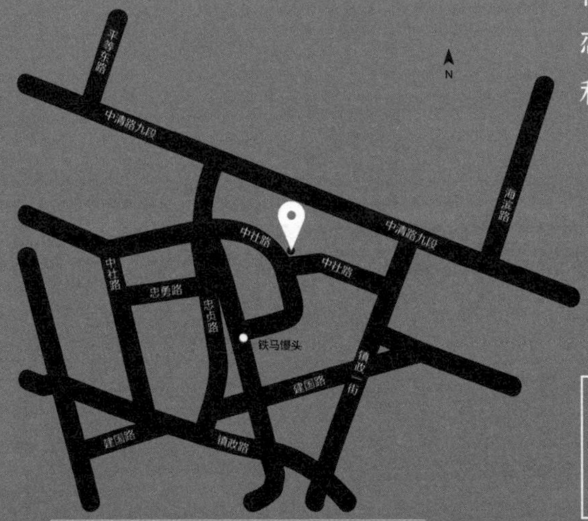

陶性朴实，漆性华美，这两种传统工艺结合，将谱写出怎样的爱恋？李幸龙以自己独特的艺术思维和创作手法给了我们答案。

费扬古陶艺工作室

地　　址：台中县清水镇中社路 104 号
电　　话：04-26566779
开放时间：需电话预约

漆陶之恋

text | 文丽君 photo | 李幸龙

李幸龙的工作室在台中清水，一个三栋建筑组成的三合院，四周没有住家，就在田中间。工作室的墙上有副对联：“陶于火中勘百炼，艺随泥土日相依。”这是李幸龙从艺之初所作，横批“费心发扬传承古”，将工作室之名“费扬古”隐含其间。

一把壶与一把好壶

说起工作室“费扬古”的由来，李幸龙解释说：“从南宋起，就有费扬古这个名词，指家里的小儿子，我是家里的小儿子；其次，陶是中国最古老的传统工艺，我希望将其尽心发扬，并延伸成为一种现代陶艺。”

李幸龙的陶艺之路，始于茶壶。

1964年，李幸龙出生于台中清水。念大甲高中美工科陶艺组时，他在课堂上看到王明荣老师转动辘轳，一团陶土瞬间变成一个碗、一个茶壶，当下便决定专修陶艺。

三十多年前，台湾陶艺刚起步，创作资讯贫乏，没有可参考的书，只能靠自己摸索。毕业后，李幸龙前往莺歌求学，然而那时莺歌云集着产业工厂，量产锅碗瓢盆类的实用陶瓷，全无艺术可言。

后来，他到台北一间个人工作室学习，1987年，他成立“费扬古”工作室，制作手工茶壶。有感宜兴壶被世界认可，1991年，李幸龙来到江苏宜兴，跟随名师曼心（秦酉桃先生艺名）习艺，希望总结宜兴壶的优缺点，做适合台湾的现代陶艺壶。

宜兴的技术员可以很容易做出一把壶，但为什么有些壶能够卖上一千多万元？“我的老师给我说的第一句话就是：我们希望的不是在做一把壶，而是在做‘传器’，能代代传承的器物。”

如何做出一把好壶，在李幸龙看来，首先要懂茶文化，懂泡茶。由于茶叶品类众多、喝茶方式各异，茶具也应具有不同的形态。茶壶随饮茶产生，更代表一种生活方式、一种独特的文化现象。而制壶者，不仅要对茶学有所理解，还要对陶瓷工艺有所掌握，才能制作出实用与美观兼具的茶壶。“所以我会用自己做的壶来泡茶，只有亲自使用，才会在力学、功能学的结合上做到最好。”他感慨，“方寸之间的壶，难度远胜于做一件大型装饰。”

1990年，李幸龙“茶壶的世界”个展在台巡展，同年《李幸龙茶壶集》出版，但这些成就并不能让李幸龙满足。他说，壶属于大环境里的小格局，“我不希望自己停留。”

漆相依 陶相恋

1997年，李幸龙又踏上求学之路。他向台湾漆艺家赖作明求教，尝试在陶艺中融入漆艺技法。

陶性朴实，漆性华美，这两者结合将产生怎样的艺术火花？或许有些人想过，但很少有人尝试。学艺一年后，李幸龙成立了“桼匋”工作室，“桼”是漆的古字，“匋”是陶的古字，除了表现陶与漆这两项传统工艺的完美结合外，也为陶艺创作开辟了一个新境界。虽然复合媒材的运用在今天已是一个创作主流，但在当时，仍面临不大不小的尴尬。

1999年，李幸龙带着四十余件漆陶作品，满心欢喜地在莺歌“富贵陶园”画廊举办“蜕变之美”个展。然而市场的反响极不给力。一是大家没见过这样的复合媒材创作；二是这些漆陶作品比纯粹的陶艺作品价格高了一大截，经营者不了解，收藏家也不了解，都不敢贸然下手。

而在业界，漆陶艺术的诞生也掀起了一场争议和探讨。在个展前，李幸龙带着新作参加“传统工艺奖”评选。1998年，漆陶作品《我的天空》第一次参评时，虽然让大家眼前一亮，但评委觉得这个不应该得奖，因为它不能被明确地归类，既不能被归于陶瓷类，也不能被归于漆器类。最终，这件作品被划分在“其他类”，只获得三等奖。李幸龙没有气馁，第二年他又参加比赛，终于捧得一等奖的奖杯，只是，所属类别依然是“其他类”。

这些争议让李幸龙很重视。“这说明大家在关注。”庆幸的是，在李幸龙的影响下，现在全台湾已有三四十个陶艺家在做漆陶，甚至一些金工、玻璃类的工艺师，也在跟着学漆。

有人疑惑漆陶和陶胎漆器的区别，李幸龙解释说，漆陶是高温陶，一般烧到1230℃～1260℃，而陶胎漆器是低温陶，只用烧到1180℃。高温时，温度相差10℃～20℃，成品就迥异。因为温度越高，陶表面的毛细孔就会越小，更不易与漆结合。李幸龙做的漆陶，局部是陶，局部上漆，烧到1260℃后，几乎没有毛细孔，如何让漆稳固地渗透并结合在陶的胎体上，便是高温漆陶最大的难题。

从描图、调土，到塑型、雕刻，再到窑烧、上漆，制作一件漆陶作品工序非常复杂，通常要两三个月。尤其是上漆阶段，需打底12～16层。“上一次漆可能只要15分钟，但要花一天时间待干，第二天才能上第二层漆。16层漆后，再进行研磨、推光。”李幸龙说，这时的成品状态并不是最漂亮的，还必须等半年“回色”。“常有收藏者打电话给我，说作品褪色了。其实这不是褪色，是回到了最原本、最亮丽的颜色。完美的作品需要时间积累，也需要以平静心等待。”

有时，李幸龙也会在作品局部贴金箔。金箔也是漆器的传统技法，但李幸龙贴金箔时，会故意造很多层次的漆，让它看起来不那么亮，或者贴了金箔后故意磨破，产生斑驳的效果。“我对漆的概念是，它是很传统的技法和材料，但我并不希望被传统限制住我的创作形态。我希望把传统漆器提升为纯艺术创作的材料。”

跳进来，再跳出去

现代陶艺在西方观念的冲击下，逐渐失去创作立场，李幸龙立志要走出台湾本土特有的风格。

他主张，现代陶艺应该从传统再出发。在他的每件作品上，我们都能清楚看见一些纹饰元素。这些从建筑、刺绣、漆器、木雕、青铜器上获得的图案，被李幸龙重新拆解、构思，形成新的组合。如作品《年画》、《戏曲》，是将传统纹饰当成符号重新组合，产生别具民族意趣的图像；作品《女儿红》是在传统瓷器元素的基础上做成现代雕塑，旗袍装跳出传统花器的梅瓶形态，看上去像待嫁的女儿，这是李幸龙比较满意的作品。

李幸龙三年推出一个新系列，前两年一般做纸上作业，确定创作主轴。他透露，最新之作将以“行草”字体结构线条为灵感，字将不只是一个单纯的字，还是一幅画面。每一个笔画都可以形成一个作品，比如“永”字的一捺，就可以进行立体化创作，在背景中融入纹饰。

“一开始跳进去，再跳出来，说实话，这是很冒险的。”近几年，李幸龙的努力慢慢“被肯定”，参加各种比赛并屡获大奖。“尤其是去国际上参赛，对方不知作品来自哪里时，它蕴含的东方韵味，便是最独特的辨识度，这就是我要的本土陶艺气息。”

李幸龙办展无数，他个人觉得最重要的一场展是“硘想”。“硘”在闽南语里是陶瓷的意思，“硘想”是学陶的心声，做陶的态度，也表达了一份感恩的心。这次展览，70%的展品都是从台湾收藏家手里借来的，完整地呈现出李幸龙三十年创作的脉络主轴和不同阶段的作品风格。从传统器形釉彩纹饰的表现，到现代化妆土的运用，漆与陶的结合，再到新柴烧的诉求和定位，能清晰地看到他作品的成长历程。

这就是李幸龙，台湾漆陶艺术开创者，漆陶文化推动者。一位不希望看不到根源，不希望受审视的框架局限，不希望自己停留的学习者；一位不断糅合复合媒材创作，却始终坚持“以陶为重心”的做陶人。

旅游攻略

交通路线	3 号高速公路→中港交流道→清水镇→中社路→费扬古陶艺工作室。
周边景点	高美湿地位于台中县清水镇大甲溪出海口，以潮溪、草泽、沙地、碎石、泥滩等不同的地质，堪称台湾最丰富多元的湿地生态区域，并拥有目前台湾最大族群的云林莞草，是相当难见的生态景观。
当地美食	由书法家柯耀东题字的“陶礼春风”，是一家充满精致古意禅风的中餐厅。这里的料理却与装饰风格不同，虽主打川粤菜系，但也尝得到日本料理、客家菜与创意菜，有别于一般中餐馆。

有时候，欣赏艺术不一定要到美术馆，生活就是艺术。

位置图 LOCATION

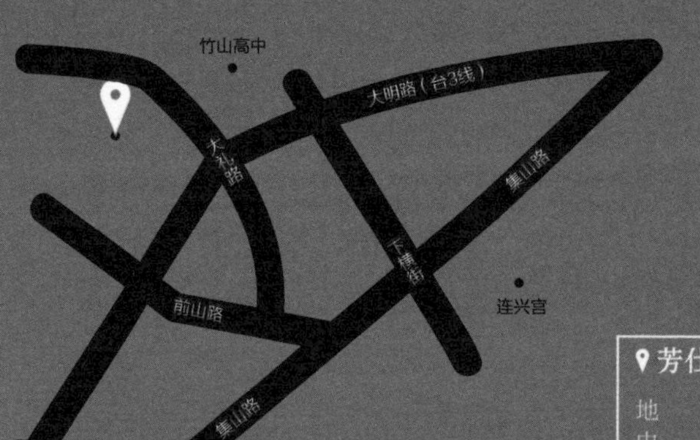

芳仕璐昂琉璃艺术馆

地　　址：南投县竹山镇大礼路181号
电　　话：049-2659807
开放时间：周一至周六 09：00~17：00，请先预约

玻璃筑梦人

text｜文丽君 photo｜林芳仕

南投竹山矗立着一栋梦幻般的玻璃屋，如磁石般吸引着路人的目光。推开古朴的木门，绿意小径引路，咖啡香扑鼻而来。喝着香气四溢的咖啡，听着艺术家介绍馆内的玻璃作品和陈设……你会发现，原来艺术玻璃在居家空间中可以如此温暖，艺术玻璃与生活的距离可以如此亲近。

来自生活的美学工艺

林芳仕不会忘记，在台中的一次因缘际会，偶然经过那面镶嵌玻璃的橱窗，玻璃那透光澄净的质感，光与影相呼应的千变万化，深深地感动了他，从此艺术玻璃走进了他的人生。

他做的是镶嵌玻璃，完全有别于一般的彩绘玻璃。彩绘玻璃是用普通的平板玻璃喷砂之后再喷颜料，颜色经紫外线照射会逐渐褪色。而镶嵌玻璃上的颜色是彩色玻璃，可以历经百年而不褪色。

一加一大于二，就像在诠释林芳仕与妻子的关系。他的妻子陈璐昂擅长油画与胶彩创作，对于大自然的描绘有着独特的想法。艺术让他俩结缘，也将油画与美术色彩融入到别具一格的琉璃创作之中。这个组合，就像镶嵌艺术般，配合得如此精妙。在这条漫长的创作路上，他们互相勉励、合作无间，共同研究探讨更多的可能性与发展性，如果少了任何一个，都会像一件残缺的艺术品，不再完整和完美。

从南投到以竹闻名的竹山，汽车一路翻山越岭，最后在一个绿树成阴的院落前停下。这里便是林芳仕与妻子，以自己和妻子名字命名建立起来的“芳仕璐昂琉璃艺术馆”。这栋童话故事般的梦幻玻璃屋，掩映在爬满绿藤的围墙中，很快成为竹山当地醒目的建筑地标。院内鸟语花香，空气中饱含负氧离子，让人心旷神怡。

有人来这里学习，有人来这里订货，还有人纯粹就是为了参观。为了使参观民众与客户能够更加了解镶嵌玻璃与窑烧琉璃适合应用的空间与呈现出的效果，他们将门窗、入口玄关、楼梯和墙面的点缀都采用镶嵌玻璃，色彩交相辉映，妙不可言。这种装饰改变了人们对玻璃脆弱、冰冷，且难以维护的印象，也为慕名前来的人营造出极具艺术品位的生活空间和氛围。

艺术馆内，最显眼的就是那扇大大的镶嵌玻璃的大门，林芳仕将儿子的手纹印在上面，并尝试着通过各种技法，让简单的玻璃产生不同的效果。光线经过折射投映在墙面、地板各处，产生出错落有致的美丽印象，光影交错，妙趣横生。镶嵌玻璃透光的质感，随着光线的变化产生出不同的色彩与光影，就像人生多姿多彩的可能性一般，这便是镶嵌玻璃艺术最吸引他，也是最感动他的地方。

为顾客定制一个梦想

纵观台湾目前的玻璃行业，大多是采取目录化的经营模式，或者是以艺术摆饰为主轴的创作模式。相较于其他玻璃艺术家，林芳仕、陈璐昂的创作宗旨是将艺术融入生活。

琉璃是活的，璐昂一直这么认为。为此，夫妻俩要把活的琉璃与生活结合，创造出新的居家艺术。艺术是生活的品质，它不需要用言语去表达，美的教育该是从生活中习得。这些都是他们努力推动居家艺术的力量。看着这里的每一扇玻璃，都好像在静静阐述着他们的艺术创作理念。

早在2001年，两人就和亲友一起成立芳仕艺术窑烧玻璃工作室。当时他俩仅靠一些玻璃照片及样品，以及自身的美学理念及独

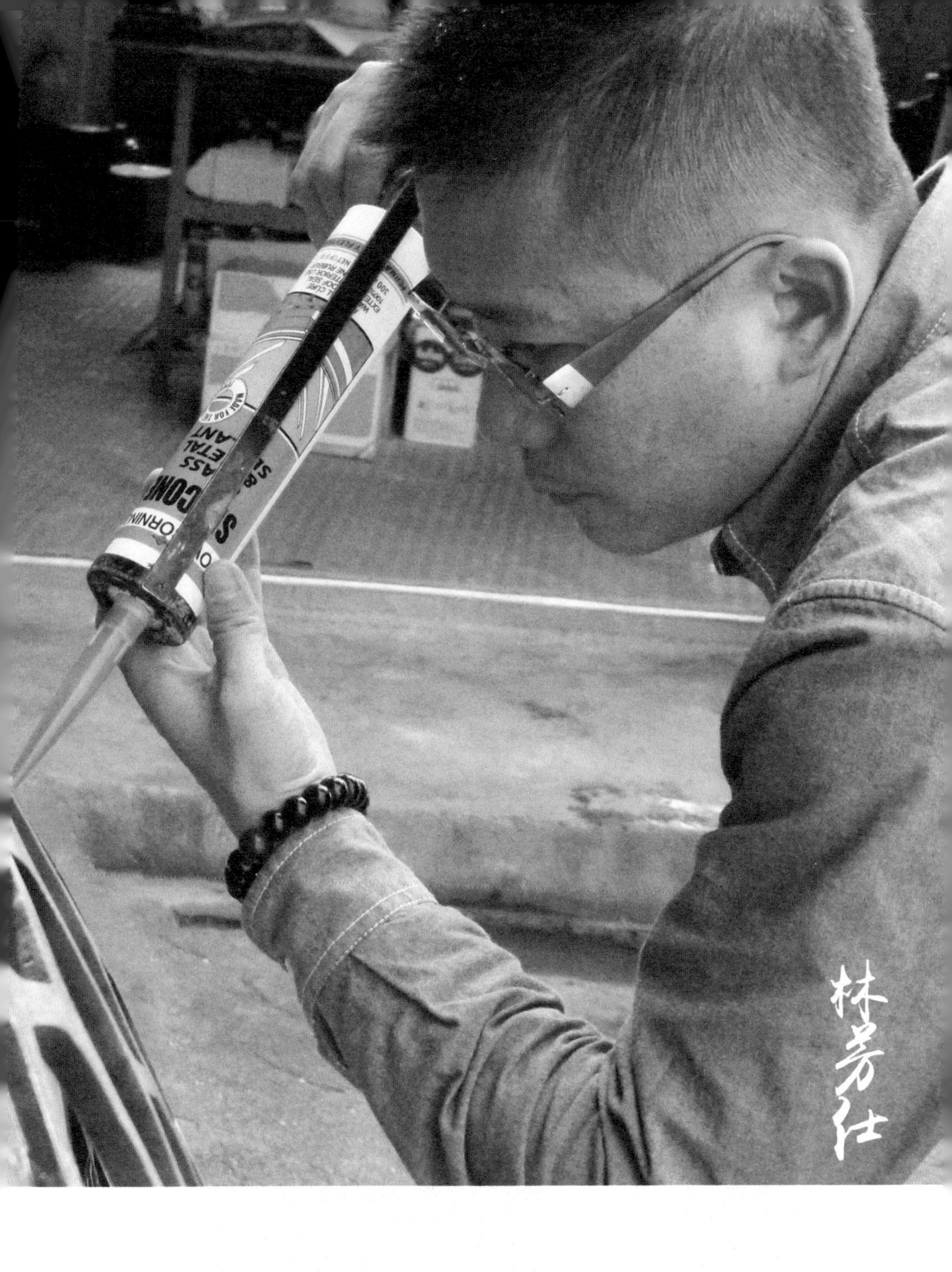
林芳仕

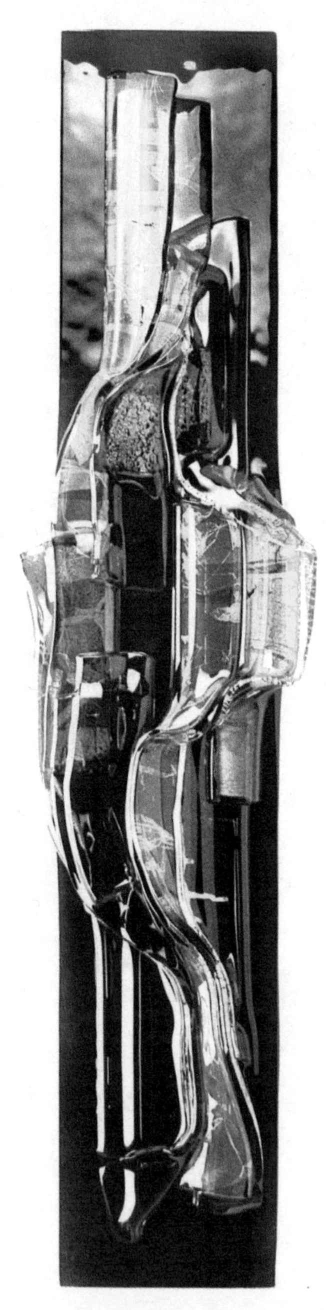

特的设计风格，就为南投的情境民宿添上靓丽的一笔。他们顺着民宿老板的意思，为其成功打造出一整套镶嵌玻璃与窑烧琉璃相结合的作品。不仅满足了民宿的风格，取得的艺术效果更是远远超越了他们对于玻璃艺术的预期。

“为顾客定制一个梦想”是他们一直以来的坚持，把每一位客户的愿望都当成是在建筑自己的梦想，每一张设计蓝图都是量身定制。他们以纯手绘的设计与手工制作的方式，打动了许多客户的心，最后与客户成为时常往来、互相关心的好友。

最近在斗六就让他们有机会创作一件特别的作品。当地一位先生提出，希望能帮他设计规划一下新家内部一处181厘米的圆形造型。他提到，自己小时候住在嘉义梅山，经济情况不甚理想，有新鞋子往往舍不得穿，就挂在脖子上。他常利用休假的时间到山上采金针花赚零用钱。如今有成功事业的他，有余力建造自己的新家，特来拜访林芳仕一家，希望能将这个故事用镶嵌玻璃的方式表现出来。当这件作品放在他家的时候，他可以告诉家人与朋友自己小时候的故事，让他们懂得知福惜福。

融合创新的玻璃艺术

玻璃是一种材质，而艺术的价值来源于创意，林芳仕和璐昂有着自己的坚持。为了让生活与艺术结合，发掘出他人尚未触及的技术与领域，已无法细数他们在制作尝试中碎裂了多少块玻璃。而玻璃制作的有趣之处正是在于永远无法预知成果，每次创作都充满了期待与惊喜。

应对客户的不同要求，林芳仕总会在作品里体现出自己新的灵感。台湾秀丽的大自然风光，河流、大海、星辰……都会成为他的创作素材。就如他的作品《璀璨》，利用琉璃遇热软化的特性，让其自然流动，做出刚柔并济的造型。琉璃层层堆叠，与光线相互交错，散发出了耀眼的光辉；《夜之守护者》更是以猫头鹰为原型，将琉璃堆叠起来，利用层层琉璃与光线折射、交错的变化及独特的剔透视觉，整体造型活泼、有趣，猫头鹰炯炯的精神显露无遗；有客户以渔船加油为业，林芳仕则设计出以海洋鱼类为主题的《静谧深海》，以纯净透明的琉璃呈现海中鱼群悠游之貌，堆叠的琉璃表现出水流与水草的层次，增加了作品的深度。这些玻璃艺术的创作充满了千变万化的色泽与形态，淋漓尽致地展现着林芳仕对生活和艺术的想法。

通常一件作品制作约需一个月，每件都独一无二。例如为了以复合媒材制成《异国圆舞曲》，他先到工地现场丈量，与客户讨论后进行规划设计，然后开始不锈钢铁件的制作，完成后再进行打板和玻璃的烧制。在烧制过程中，玻璃的厚度是他十分注重的问题，因玻璃厚薄度的不同会有不同的难易度；镶嵌也相当烦琐，每个环节都必须手工完成；精确也至关重要，差个一两厘米都不能行，因为几百片玻璃镶嵌起来，整个误差会越来越大。最终，他将自然腐蚀桧木组合利用，以不锈钢锻铁为骨架，搭配清澈润泽的窑烧琉璃，完成了这件颇具异国风情的艺术品。

从一开始接触这个领域，到与妻子璐昂相遇、结婚，林芳仕慢慢将平面美术融入艺术玻璃创作，几经讨论与思考，才决定与坊间目录化的经营模式区隔开来，开发量身定做的客制化市场，几年下来，建立了属于自己的品牌。

在光线折射的美感中，林芳仕获得了生命的悸动，他用800℃的高温，焠炼出艺术的美感，用艺术玻璃，烧溶出生命独有的印记！

旅游攻略

交通路线	3号高速公路→竹山交流道→竹山镇→大礼路→芳仕璐昂琉璃艺术馆。
周边景点	软鞍茶园又称为八卦茶园，因为地形奇曲形如斗笠，因此这里成为知名的摄影景点。一圈圈环绕的茶园，像极了八卦图。这里的环境宛如人间仙境，山中风景幽美，茶香四溢，令人叹为观止，幸运的话，还可以见着采茶姑娘美丽的身影。
当地美食	连兴宫旁边的庙口肉圆，至今已有百年历史。它完全采用红薯粉做成，呈半透明状，口感绝佳。内馅则用当天现采的麻竹笋刨丝，加上猪后腿肉做成，风味十足。此外，店里还有豆腐汤、贡丸汤以及两者混合的综合汤，汤头用鸡汤与大骨熬成，不加味精，清爽不油腻。

位置图 LOCATION

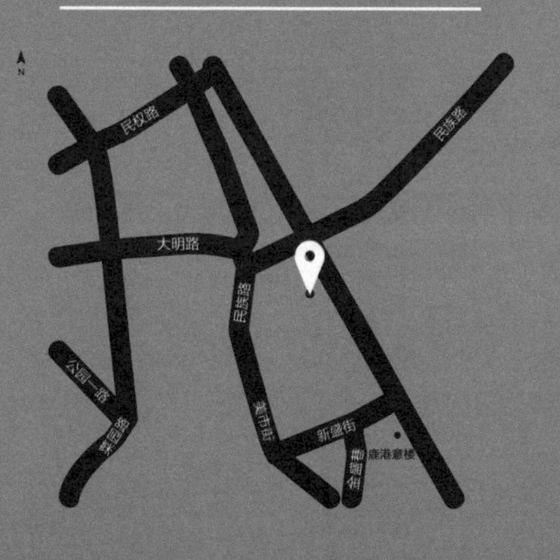

从传统的打金到全新的雕金，郑应谐突破了“黄金能刻不能雕”的教条，开创了台湾纯金雕艺的先河。

龙山银楼

地　　址：彰化县鹿港镇中山路 185 号
电　　话：04-7787000
开放时间：每天 09：00~17：00，电话预约

今生金事

text | 谢凯　photo | 郑应谐

“黄金本来就十分昂贵，你用它创作作品来评奖，没有什么意义。”郑应谐第一次带着自己的金雕作品参赛时，评委的一句话让他痛失入围资格。这对立志从事金雕的郑应谐来说，无疑是当头一棒。很多人都认为他会改用其他材质去迎合评委，但他仍然固执地与金为伴，直到多年后，才终于等到迟来的肯定。

凭着这股不认输的韧劲，郑应谐打破了“黄金能刻不能雕”的教条，让仅作为配戴的传统金饰，变身为拥有各种造型的立体艺术品，不仅在拥有众多手工艺的鹿港一枝独秀，还开创了台湾纯金雕刻的先河。

情定金雕

因为在一次用焊枪熔化黄金时“走火”，郑应谐的头发被烧掉了一半，直到现在，他的头上仍然前“秃”广阔。今年已经64岁的郑应谐本该安享晚年，但他仍然每天都到工作室里敲敲打打，有时候吃睡都在里面，早上进去、凌晨出来。郑应谐深知自己走上金雕这条路十分不易，所以格外珍惜，恨不得把所有时间都用来创作。

13岁那年，为了学得一门手艺，也为了减轻家庭的经济压力，郑应谐到离家不远的一家金饰店当起了“打金仔”。然而，当他学满三年零四个月（过去学手艺，一般要学三年零四个月才能出师，前三年作为学徒没有任何工资，最后四个月只领半份工资，另外半份孝敬师傅）出师后，并没有像其他学徒那样谋一份金匠的工作，而是去了台北，又拜师学习金属雕刻的技艺。传统金饰的制作目的为了争取零损耗，仅靠敲、辗或压，技法单一，成品也多用于婚丧嫁娶的饰品，缺乏创新，更遑论艺术魅力。郑应谐有一个大胆的想法：要把雕刻石头、木头时采用的浮雕、立体雕、透雕等雕刻技艺用来雕刻黄金。由于这样做的出路未知，郑应谐遭到家人的强烈反对，他只好在半夜趁家人熟睡时收拾行李，悄悄离家。

如果不是当时孤注一掷，就不会有今天的“应谐师”。回想起当初的经历，郑应谐充满感慨。从台北学成归来，郑应谐创作的第一件金雕作品是一把金壶。当时，台湾兴起了玩壶的热潮，一次偶然的机会，他在朋友家里看到一把紫砂壶。得知其高昂的价格后，他灵机一动，心想就算打一把金壶也没有那么贵，再说“喝金茶”也能讨个好口彩，为什么不试一试呢？他立即行动起来，前后花了十个月时间，终于用6 000克黄金雕镂出一把金壶和4个金茶杯。茶壶上刻着家乡鹿港的景物，茶杯上分别雕刻着西施、王昭君、貂蝉和杨玉环。在品茶的同时，还可以领略鹿港三百年的历史，以及中国古代“四大美人”的传奇，让见过这套茶具的人爱不释手。

自从踏上金雕这条路，家里开银楼积攒下的大部分积蓄都被他花了出去，好在他的爱人仍尽心尽力地打理银楼，使得他能专心致力于金雕艺术。为了感谢爱人的辛勤付出，郑应谐特意为她创作了一件金雕作品《我比谁都爱你》：在两块木头下，一对金雕男女正在荡秋千，以此来定格他和夫人青梅竹马、两小无猜的童年时光。

是职业，更是修行

黄金之美，不在其光芒，而在其永恒不变；人生之美，不在灿烂，而在平和，细水长流于人间。五十多年来，整天接触黄金，郑应谐早已习惯透过金雕看人生。

如果说当初当“打金仔”是为生计考虑，那么，如今的金雕对他而言，不仅是自己的艺术追求，还是一种修行方式。“黄金虽然

郑应谐

华丽富贵，但似乎还少了一味，那就是引人深省的‘法味’。”郑应谐的家与庙宇相邻，二十多年前，他又在嘉义福山寺皈依佛门，还曾两次前往印度朝圣。在他看来，除了念佛、茹斋、打坐外，在夜深人静时雕刻佛像也是一种虔诚的佛法修行。此外，使用纯金雕刻佛像，更能让人体悟到佛法如黄金般永恒。

《达摩》就是这样一件金雕佛像，也是迄今为止郑应谐最满意的一件作品。创作灵感来源于达摩“一苇渡江”的典故，讲述了达摩从印度到中国传教的故事。因为“法”和“发”谐音，所以郑应谐特别为达摩塑造了几百根彼此分离的发须，隐喻他所传授的佛法，而发须的延伸象征佛法进入中土，更意味佛法源远流长。在制作和粘连这些发须时，郑应谐吃了不少苦头。几百根细细的胡须必须全靠手工拉丝，再卷曲，然后借助焊枪一根一根粘上去，稍不留神就会把其他已粘好的胡须烧脱。郑应谐始终坚信有佛法就有办法，有时候遇到瓶颈，就干脆停下手上的工作，打打坐，让心平静下来，等再拿起焊枪时，问题往往迎刃而解。

随后，对佛法有所参悟的郑应谐，脑海中又构思出代表佛陀精神的《佛心》，创作一幅诠释佛法普度众生的“金雕佛心”中堂对联。“佛心”二字在纯金的辉映下，益显庄严高贵，两旁的对联书写“佛有慈悲开般若”、“心无罣碍即菩提”，笔触生动流畅，可见金雕锤工的简洁利落。郑应谐说，打造这件作品历时三个月，他将慢工出细活的金雕当作是佛法修行的一部分，在寂静的夜里打造出的金佛心，则代表我一心对佛的虔诚与崇敬。

妈祖寄托乡情

郑应谐在家的后门门楣上镌刻了两个字——“兴郡”，那指的是他的老家兴化，也就是现在莆田。在他的小花园里，还保留着一个黑色大陶罐，那是祖辈当年从福建到台湾所乘的货船上用来压舱的酒瓮，当时里面装的不是酒，而是腌菜。

如今，郑应谐用一种特殊载体与老家联系，那就是金雕妈祖像。“三月迎妈祖”是台湾民间非常重视的习俗，郑应谐以此为灵感创作出金雕作品《台湾迎妈祖》，生动传神地再现了妈祖绕境出巡时锣鼓喧天的热闹场景，有信徒穿轿底、歌仔戏谢圣母、舞龙舞狮……其中出现的人物多达308个，除了信徒外，还有叫卖小贩、看热闹的民众，甚至连抢镜头的媒体记者也雕得惟妙惟肖。整个作品摆置在一个台湾岛屿形状的基台上，足足有一个桌面大小。后代子孙一看这件金雕作品，就可以了解到迎妈祖文化的内容、仪式，还有行头。

随着年龄不断增大，郑应谐在创作时逐渐感到有些体力不支，并且金价的上扬，也使得创作成本越来越高。不过，对郑应谐来说，创作是无止境，他还是要继续创作，直到没办法再做为止。黄金特性之一的恒久不变，似乎也成为他性格中最重要的特质。在小小的工作室里，当年的“打金仔”早已成为金雕大师，但他仍然不停地敲打着黄金，也锤炼着自己！

旅游攻略

交通路线	1号高速公路→鹿港山交流道→鹿港市区→龙山银楼。
周边景点	龙山寺是台湾省一级古迹，号称“台湾紫禁城”。整个庙宇共有99个门，殿宇雄伟，寺中的石鼓、石柱、石门、石壁、石栏等建筑风格浑拙古朴。特别是龙柱，雕刻得极为精致，前后三进，各不相同，玲珑浮出，须眉毕现，为台湾石刻艺术之珍品，具有“台湾艺术殿堂”的美称。
当地美食	位于第一市场内的龙山肉羹，由鹿港著名点心师傅林龙山创制。它内容丰富，除了竹笋、鱿鱼、香菇、虾仁羹和肉羹之外，盛碗后，加入的肉炸更是一绝。用肥肉、香料、地瓜粉油炸成的肉炸，外观不起眼，吃起来却是香嫩且有嚼劲。

位置图 *LOCATION*

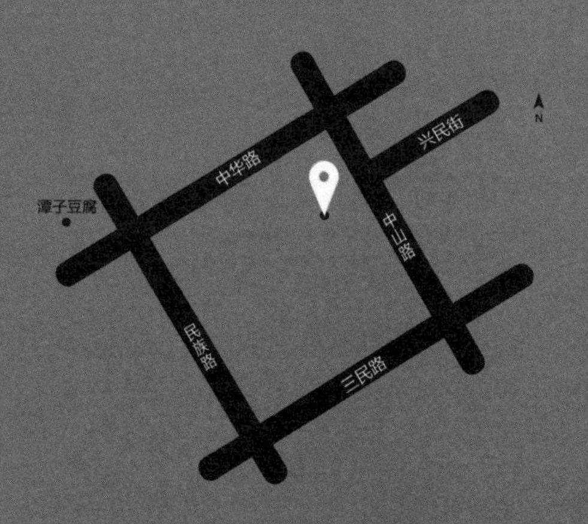

陈铭堂的竹雕充满童趣和幽默感，就像清风徐来一般，让人乐意亲近。

观竹堂

地址：台中市中山路 291 号
电话：04-22244820
开放时间：周一至周六，预约

节外生姿

text | 谢凯　photo | 陈铭堂

台中市的中华路以繁华热闹闻名，不过，在这条路上却隐藏着一处“世外桃源”——观竹堂。这里是竹雕大师陈铭堂的工作室，也是对访客开放的竹雕艺术馆。推门进去，扑鼻的竹香让人顿时忘掉室外的喧闹燥热，脚步慢了下来，颇有寻幽谷访仙境之趣。每有访客来，陈铭堂都会泡上一壶清茶，在茶香氤氲间，分享他竹雕创作之路上的那些名堂。

再现童年生活

“讲话请大声一点哦，我听力不好。”陈铭堂一边微笑，一边指了指自己的耳朵。因为他觉得让访客重复说一句话有些不妥，于是让妻子陪伴在侧，没听明白时，她可以在耳边重复讲给他听。

话匣子刚一打开，陈铭堂就像顽童一样拿出一只只他新近创作的竹雕青蛙，满怀喜悦地介绍说：“这是刚睡醒的青蛙，正在打哈欠伸懒腰；这是吃饱喝足后的青蛙，正摸着圆鼓鼓的大肚子；这只青蛙准备向心仪的对象求爱，你看到它拿的棒棒糖了吗……”与常见的竹雕青蛙不同的是，这些青蛙全由竹头雕刻而成，立体逼真，表情逗趣，看到就想笑但又不敢笑出声来，好像它们一听到声音就会四散逃去。

“来，再摸摸。”陈铭堂大方地说。见惯了其他大师对自己作品的呵护有加，陈铭堂的话反而叫人有些不知所措。小心翼翼地把青蛙拿在手里，竹头纤维特有的细腻质感让人爱不释手。问到雕刻青蛙的原因，陈铭堂说，小时候生活在农村，听力不好让他在学校读书时屡屡受挫，于是他把探索的目光转向了没有教鞭与考试的乡间田野，钓青蛙、养青蛙成为他最喜欢做的事。“青蛙是我童年的好朋友，雕刻它们就是为了回忆那一段快乐的时光。”陈铭光说。除了青蛙，童年生活的其他经历和见闻也一直是他创作的主要灵感来源。在观竹堂展出的作品中，可以看到小狗逗玩小乌龟，一群孩子在欢乐地捉迷藏，猫直身仰视站在高高芭蕉叶上的小鸟……甚至还有陈铭堂小时候看人家吃西瓜时垂涎欲滴的模样。“童年时期虽然物质缺乏，但留下了许多快乐的回忆，让我在创作时始终怀着愉悦的心情，刻下的每一刀都充满了温柔。”陈铭堂说，创作就应该轻松一点，让作品充满趣味和幽默感，“就像清风徐来一般，让人乐意亲近。”

重塑新竹雕

孟宗竹和刺竹是陈铭堂创作的竹材，虽然纤维细密，是做竹雕的好材料，但硬度高，不容易雕刻。不过，从13岁学习竹雕，至今已有40多年雕刻经验的陈铭堂，却有自己独特的“驭竹术”。“把竹子当情人，经常和她谈心，心中有情，雕刻时就容易多了。”说完，陈铭堂转头看了看妻子，两人目光交汇，都抿嘴笑了。

除了用竹头，陈铭堂的很多作品都以竹身为载体，然而要在有限的弧面上创作，自然会受到诸多限制。陈铭堂想到了解决问题的办法，他没有采用传统竹雕短小的形式，而是以长片弧面竹块为载体，纵向延伸创作空间，有个别作品的高度竟然达到1.5米。在雕刻时，他又以透雕技法为主，雕刻出大面积的镂空部分，以空衬实，虚实结合，从而达到以小见大，以简见繁的艺术效果。

在创作《身闲心定》时，陈铭堂先将一根近1米的竹茎，上下各留近10厘米，把中间部分切掉半面，从而巧妙地营造出长方形的深幽背景。然后，再在下方雕一只猫蜷卧在一把高背方凳上闲睡，凳

陈铭堂

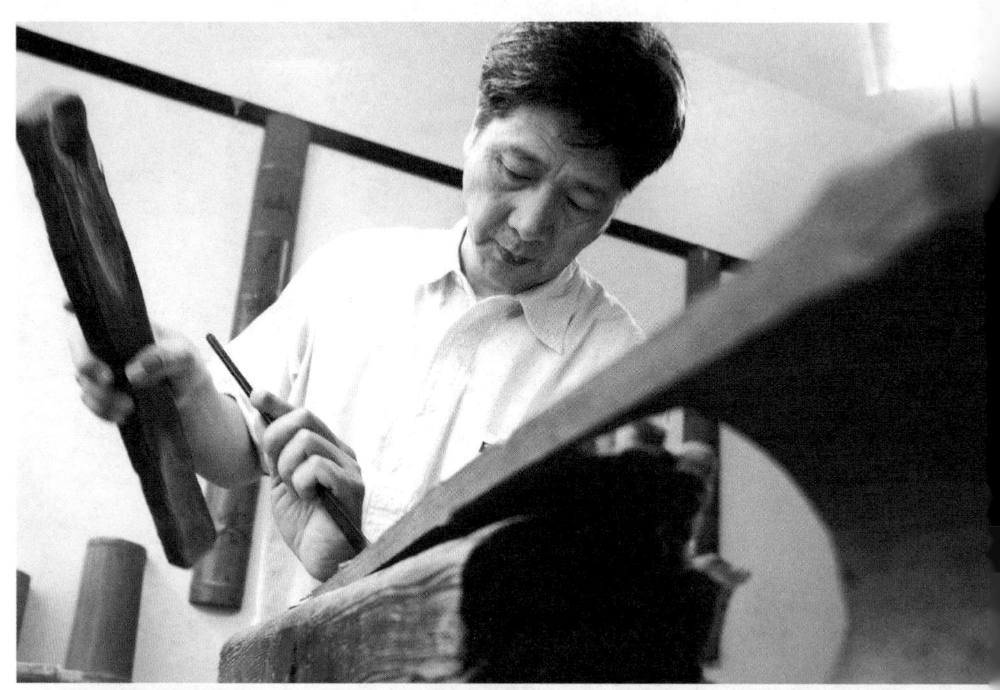

背上端，还有一只老鼠正警惕地俯视着猫的动静。

一凳、一猫、一鼠，构成了似紧张又似和谐的关系，块状的深色背景与椅子线条之间的对比，远远超出了一般竹雕给人留下的印象。通常，传统竹雕不上色，着重欣赏竹材本来的色泽，然而陈铭堂却开创性地给竹雕作品上色，通过颜色来体现远近层次，让作品更活泼，更有动感。

近年来，陈铭堂还将竹雕和其他媒材结合，先雕刻出完全独立的竹雕部件，然后以深色木板为背景，重新构图后再粘贴在木板上。竹雕的质感与木材的纹理相互映衬，营造出中国传统水墨画般的意境。

雕竹亦雕心

和陈铭堂聊天，可以明显感到他是一个“慢性子”，说话一字一句，语气舒缓平静，犹如他的创作步调。“我不喜欢用机器，机器很快，可是少了一种感觉。”他一边说，一边起身走到作品《荷叶连屏》前，“像这荷叶，如果不是用手一刀一刀削出层次与肌理，而是用机器快速打磨而成，就少了一些力量，整体感觉也会差很多。”

因年少时曾参与庙宇修建，陈铭堂很早就接触佛教，随着年岁的增长，如今他一心向佛，连创作时也不忘听《大悲咒》。“我这一生就像创作竹雕一样，用时光的雕刻刀，将生命中的种种世俗羁绊一点一点削去。减去贪欲，便得淡泊；减去固执，便得开阔；减

去匠气雕琢，即见真我。”陈铭堂说。如今，他更将自己对“减法人生”的体悟融入到竹雕创作中，追求作品线条化、极简化，让作品在空灵淡泊之外，更多了一分“放下身心见乾坤”的禅机。如他创作的《烟云出没有无间》，便是将长竹片横放，上立一人，两端逐渐削平、削尖，体现出天地的辽阔和人的渺小。

“创作是一种使命，不仅要将过去的观念与技法传承下去，还要表现新的思想。” 陈铭堂说。不过，由于创新的作品往往超越了市场的期待，让顾客一时难以接受，陈铭堂也因此而无法获得稳定的经济来源。当问他这一路走来苦不苦时，他微笑着摇摇头，然后拿起一只笑得憨憨的青蛙说：“这叫《乐坏了》，就是我雕刻人生的写照。”

旅游攻略

交通路线	1 号高速公路→中港交流道→中山路→观竹堂。
周边景点	七家湾溪位于台中市和平区武陵地区，因受气候、水文与河谷地形的影响，呈现出浅濑、急流、缓流、深潭、阶梯型瀑布等多样化的栖地形态，不仅有很多著名的旅游景区，也为各式水生生物提供了良好的生存环境。这里是冰河时期遗孓生物樱花钩吻鲑唯一的栖息河域，也是现今台湾樱花钩吻鲑存留数量最多的栖息河域，因此享有“台湾樱花钩吻鲑家乡”的美称。
当地美食	沪舍余味一直是台中知名度相当高的汤包店，每到用餐时间都有食客不断上门。小笼包皮薄汁多，肉馅也相当充实；鲜肉生煎包、翡翠生煎包都各具特色，让人一口停不下来。亲民的价格和地道的上海风味，让食客赞不绝口。

木雕
吕美丽

蔺草编
郑梅玉

缠花
陈惠美

台东

吕美丽的木雕作品来自市井生活，散发出的质朴气息感动着前来观赏的男女老幼。

位置图 *LOCATION*

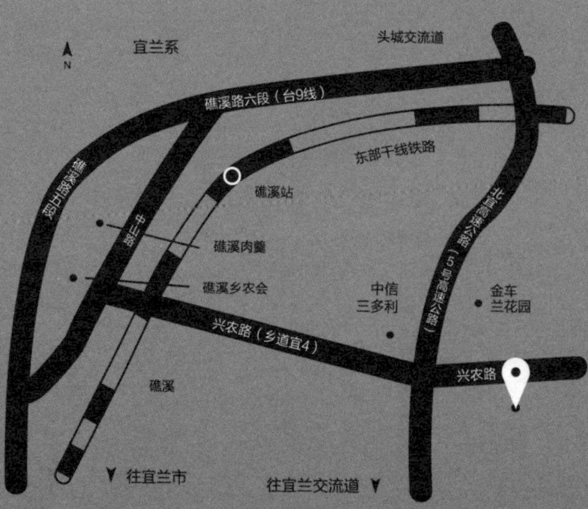

吕美丽精雕艺术馆

地　　址：宜兰县礁溪乡德阳村兴农路 322 巷 1 号
电　　话：03-9880558
开放时间：每天 09：00~18：00

惜木如金

text | 孙凝异 photo | 吕美丽精雕艺术馆

阳光落在斑驳的红砖墙上，晾晒的袜子、毛巾、衣裤尽情享受着久违的春光；墙角，倔强地生出一株兰花，枝节缠绕，微开的花朵吸引昆虫闻香而至；不知是谁从老房子里扔出一只残旧的毛线手套，破损的指尖述说着主人背后的艰辛。此刻，旧日胡同的光景静谧而温暖，丝丝气息动人心灵。

感动，并不足以概括参观者的心情，在得知此情此景中的所有主体物品全由黄杨木雕刻而成后，你一定抑制不住内心的澎湃，被震撼的感觉非语言所能形容。这些由台湾艺术家吕美丽精雕而成的木雕作品，模糊了真与假的界线。

创作不用天马行空

“我是五年级生，生于20世纪60年代。读小学、中学的时候，母亲每天会为我准备便当，放进铝盒，用一块粗布包裹好，方便携带。”吕美丽动情而温馨地回忆自己的童年。眼前摆放着她的作品《便当》，打着蝴蝶结的“帆布”，粗布的质地和纹路纤毫毕现，破洞处探出筷头，粘着饭粒和菜屑，几只小蚂蚁寻味而来。这个足以以假乱真的“饭盒”是吕美丽二十多年木雕生涯中的第一件生活化作品。同一系列的，还有“毛衣”、“鞋袜”、“老式挎包”、“运动鞋”等作品。传统黄杨木雕仿佛换了一种清新口味，独具匠心的题材使之意趣盎然。用木雕呈现童年生活的点滴记忆，是吕美丽近十年来形成的独特艺术风格。

二十多年前，吕美丽与木雕结下不解之缘。“我喜欢画画，早期做平面设计，一直觉得不能一展自己所长。每当有画展或是陶艺展，我都会去观看，但只要看见木雕，就会怦然心动，眼球与思维被它们牢牢地抓住。”在得知台北美术馆有雕刻研习会后，吕美丽立即前去报名学习。第一件作品《吉》是一个剥开三分之一的橘子，一旁搁着掰开的果肉，这种新鲜感让吕美丽对木雕产生了浓厚的兴趣。几个月的学习之后，她回到故乡宜兰钻研起雕刻技艺。

“记得刚学会基本技艺后，并不知道刻什么，只希望能尽量脱离佛像题材。”女性独有的视觉为吕美丽带来更细腻的创作灵感，既然住在宜兰，那就刻兰花吧！年仅24岁的吕美丽一刀一凿下手后，才知兰花的雕刻难度极大，“根叶繁多，花朵细腻度高，那时的作品没有多大的艺术价值，但磨砺了我的雕刻技术。”在那以后，吕美丽开始留意身边的事物。与母亲逛菜市场，小贩切下一截冬瓜，熟练地绑上稻草便于手提，这便是《冬瓜》的原型；过新年，身上穿着母亲亲手织就的毛衣；拥有的第一双球鞋……吕美丽说，她的创作不用天马行空，灵感就在她的手中。

与追求随物赋形的雕刻技法不同，吕美丽的作品几乎都是随性而为，先在脑海里有了雏形，再挑选合适的木头精雕细琢直至完成。因为题材和灵感大多来自市井生活，其作品散发出的质朴气息感动着前来观赏的男女老幼。

木雕只有一个动作

除了新颖的创作理念，吕美丽的木雕作品用放大镜看也难寻破绽。自然的褶皱、精细的帆布压花纹理、未上好的拉链、细密的针脚……一个塞得饱满的“老式书包”宛若天成，栩栩如生，就连向上提的包带也柔软真实。这件作品由整块黄杨木雕刻，无任何拼接。再看那件平躺的“毛衣”，根本就是一针一线手工编织而成。有同行发出疑问：“一件‘毛衣’可能有上万个孔洞，如此繁复的工作应该是

吕美丽

集麗

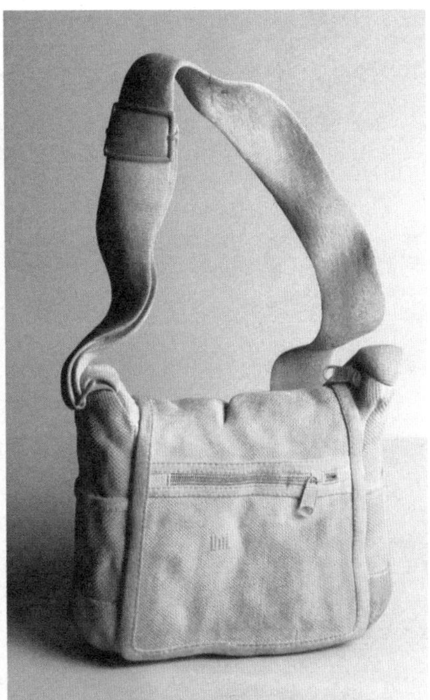

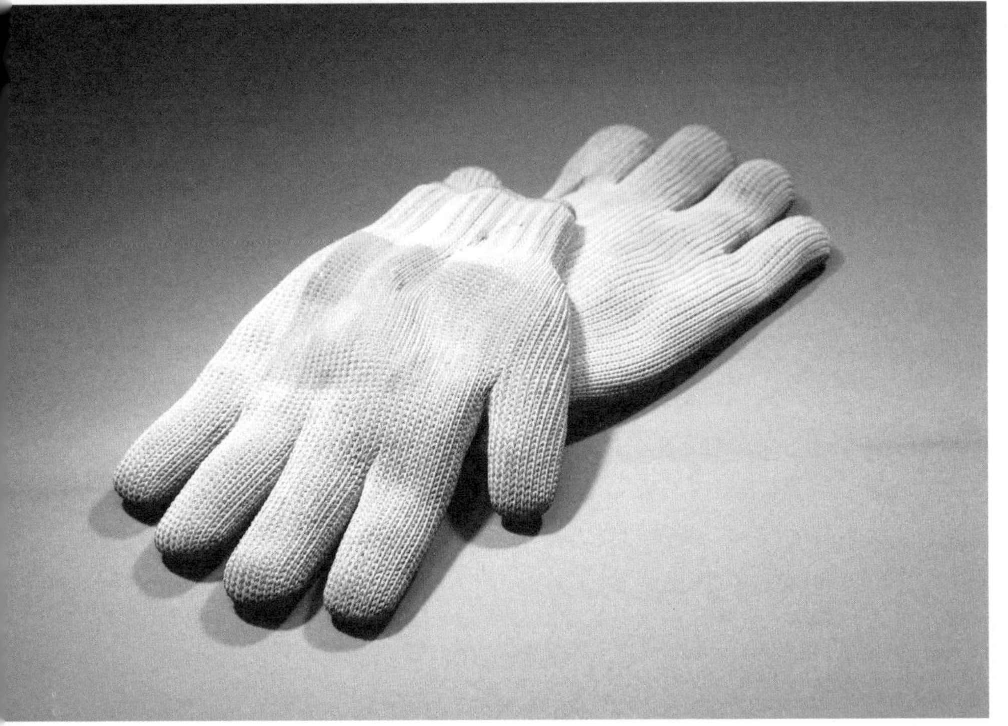

交给助理完成，她在机器上设定好打几厘米深的孔就行了。”吕美丽只是平静地笑笑说：“我的精雕作品全是亲自手工下刀完成。”

手握式电动雕刻机或气动笔是目前雕刻过程中必用的工具，无论是去皮还是打孔，精准且速度快，“我的作品介于雕刻与毫雕之间，机器运转时手会抖，根本没法在精雕的过程中操作，精雕的作品只有在屏气凝神之下才能完成。”她顺手摸了摸“毛衣”的袖口，说道：“这样的小孔至少要下3刀才能成形，如果使用机器，还需要打磨，但这种小地方砂纸根本无法进入，因此只能依靠手工一刀一刀地雕凿。”相对于需要砂纸打磨的雕刻技术，吕美丽说自己靠刀工塑造质感的技法叫“轻刀法”，而她使用的雕刻工具也并不常规，是医生使用的手术刀。“精雕的动作和力量主要靠手指用力，手术刀轻柔，操作灵活准确，只要控制好用刀，短小细密的地方就迎刃而解。”

吕美丽说，每一件作品她都会全力以赴，下刀专注，木雕只有一个动作，就是做减法，不可以出差错，像人生一样，要步步为营。有一年秋天，她感动于随风飘零的落叶场景，于是想雕一片树叶记录那个优美的意境。只有使叶片前后的叶脉一致，才能让树叶真实。如何才能看清叶脉的纹理是否一致呢，只有一个办法——让叶片薄如蝉翼，透光而不破。那得雕多薄呢？“没有量过，可能1厘米吧，或是1毫米？”一直很淡定的吕美丽显然有些为难，无奈地笑了笑。而据资料介绍，木材的厚度只有低于0.1毫米才可能被光线透过。

吕美丽似乎是个没有数字概念的艺术家，从不在乎刀法的繁复度。细算针脚，一双“手套”至少雕刻十万刀，一件“毛衣”可能需要上百万刀，她通过精细的技法改变物体的质感与材质，甚至“欺骗”了黄杨木雕刻世家的传人。这样的艺术品，只靠娴熟的技巧是不够的，还需要灵魂与神韵的支撑，只有内心纯净、不计较得失的人才能定下神来雕刻作品和自己的人生。而吕美丽，也因此打破了木雕行业长期被男性垄断的局面。

没有人出售自己的生命

吕美丽所雕刻的黄杨木是二十年前收购的，她也尝试过雕刻台湾一宝桧木，“那种木材更适合欣赏原木的年轮，纤维粗糙，并不适合雕刻。”黄杨木的年轮密实，不易龟裂，存放时间越长越显亮丽和古朴。“但材料来之不易，我珍惜它们就像珍惜生命一样。”

经过吕美丽雕琢的黄杨木艺术品大都极其朴实、温柔，背后都有一个动人的故事。木是大自然的杰作，把硬的东西变为软的作品，是生命的再造，只有先感动了自己才能感动别人。吕美丽把这些雅致脱俗、温暖与美感并具的木雕艺术品比作生命的呼吸，“雕刻黄杨木时，让我安定，感受到呼吸的存在。”有谁会把自己的生命出售呢？于是吕美丽把自己这些美轮美奂的木雕作品搬进了艺术馆，仅供人们欣赏，从不出售。“生命有限，我这一生还能雕刻几件作品呢，50件？不可能超过100件。我的生命有限……”吕美丽不断地强调自己的生命与木雕的关系，真挚得令人有想哭的冲动。

每天，吕美丽将自己的生活划分为几个阶段，早上雕木头，下午雕琉璃或金工。因为木雕作品不出售，为了生活，她开发生活化的艺术品，把琉璃、黄金、铜等材质运用木雕技法展现，再由艺术馆的同事翻模销售，维持艺术馆的运营。那些用生命雕刻的木雕艺术品，就让它们陈列其间，在红砖墙的映衬下博得观者的会心一笑。

旅游攻略

交通路线	雪山隧道→头城交流道下→台九省道往礁溪市区→礁溪小学→礁溪农会对面→兴农路 322 巷→中信山多利饭店→吕美丽精雕艺术馆。
周边景点	金车兰花园以研究培育蝴蝶兰为主，品种繁多，花色更是多样，除了最早的礁溪兰花园，还新增了宜兰员山兰花园，规模比礁溪更大，培育的兰花也更多。两处兰花园均开放供游客参观，并提供兰花盆栽与切花售卖，因而成为宜兰的旅游景点。
当地美食	位于礁溪乡中山路二段 19 号的礁溪肉羹非常有名。包裹在鱼浆里的肉经过调味，吃起来滑嫩有味。肝粉、黄金蛋和粉肠也是食客必点的美味。粉肠是老板特制，以红薯粉、猪肉等调和的内料灌入肠内，淋上特制北酱汁，异常爽口美味。

位置图 *LOCATION*

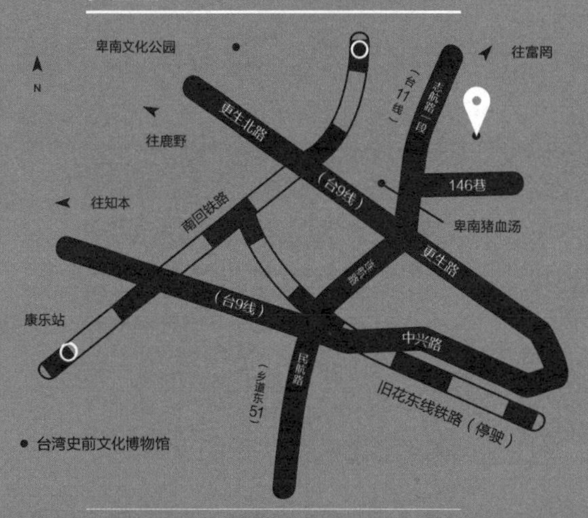

郑梅玉将传统技巧与现代创意相融合，为日渐式微的草编艺术开拓了一片宽广的视野。

郑梅玉工作室

地　　址：台东市志航路一段146巷9号
电　　话：089-225347
开放时间：电话预约

蔺草香如故

text | 文丽君 photo | 郑梅玉

手指穿梭于蔺草间，不一会儿工夫，一个人、一匹马的造型就出现了。这便是台湾草编艺术家郑梅玉展示的编织手法。虽已年过半百，但她依然活力十足，编着两条辫子，笑容灿烂。

蔺草编织是台湾一项传统技艺，据文献记载，它始于平埔人妇女，已有两百多年历史，但因其惯常采用平面编织做成席子、草帽等日常用品，进入工业时代后便日渐式微。郑梅玉另辟蹊径，将制作实用物品的传统技法融入艺术创作的领域，期望以立体造型的作品，来诉说草编的另一种风情。

开创立体编法

第一次闻到蔺草香，郑梅玉就知道自己此生与它无法分离了。

原本是中学生物教师的郑梅玉，1994年因为学校要开设工艺课，便到文化中心学蔺草编织，没想到竟意外开启了人生的另一扇大门。

基础编、圆形编、收编、加减针……因为起步晚，郑梅玉一开始学得很慢，但她越做越有兴趣，下班回到家都能一连做五六个小时才停手休息。也许是喜欢创新搞怪的天性使然，郑梅玉学的虽是传统的蔺草编织，老师教的也是编织草帽、草席等传统草编技巧，但她在编织这些实用物品之余，总觉得意犹未尽。她想，蔺草应该可以拿来作为创作的媒材，编织出更多样、更绚丽的作品才对。

学水利建筑的先生适时建议她，用铁丝做支架，可以做人物，手脚还可以转弯。郑梅玉立刻做出了5个像芭比娃娃一样可以换装的蔺草娃娃。在观察孩子玩的过程中，她又有了灵感，惊觉可以把它给立起来。

在粗略掌握了如何编出人的形体之后，郑梅玉开始了对细节的追求，比如头发不能千篇一律，要有多样性；比如人的手早前是以一根手臂带过，现在则要求做出五根分叉的手指。

1998年，台湾传统艺术中心传统工艺奖发出征集令。郑梅玉看到第一名可获得60万元新台币，佳作也有10万元新台币的奖金，她遂将作品《胼手胝足》送去参赛，初试啼声即获佳作奖。受此鼓励，她专程从台东前往大甲镇向草编工艺师柯庄熙学技，也造访鹿港黄志农老师，向他学习“柴丝草”编织，用于头发、鸡毛等细节，以此增添作品的活泼性。

想将平面的草编表现出立体造型，且有雕塑感，一开始郑梅玉感到困难重重，因为雕塑可斧削、可填补，而草编却不能。初期她是依传统方式先将蔺草编成平面后，再卷成圆形、两边缝合，即成立体状，但是作品结构粗糙、松散，转折接缝处时有破绽。接受柯庄熙面授后，她学习了多种技法，不仅织法多变，转折自然，且可宽可窄，收放自如，编出的物体更是栩栩如生。

每件作品都是一个故事

因为在台东任教三十年，时有参加当地高山族人的活动，台东高山族人的淳朴和善良深深感染着她。郑梅玉希望将这些烙印在脑海里的动人场景变成实际的作品，让更多人可以了解台东高山族人的生活。

她首先选择了达悟人，这是台湾高山族中最原始的一支分支。达悟人居住在台东外海的兰屿岛上，这里气候宜人，背山面海，常年鲜花盛开。达悟人自称“达悟”，是“人”的意思。每年三月，飞鱼随着黑潮游到兰屿海域，达悟人便举行召请飞鱼前来的招鱼

郑梅玉

祭，祭典之后，达悟人开始捕飞鱼。

要捕获飞鱼需要一艘好船，达悟人的船名为“拼板舟”。船体由21~27块不同的木板组合，再以木棉或树脂接合，不用任何铁钉。

第一次要做达悟人的船，可把郑梅玉给难住了，一时不知如何下手。后来才想起织毛衣的方式，用了一个星期的时间，才把船给做出来。《兰屿新船下水：驱邪祈福》《兰屿新船下水：举舟乞灵》及《薪传》等作品，皆以达悟人新船下水仪式为主题。

通常达悟人在完成一艘新船后，必须举行抛船及趋邪祈福仪式，把船抛向天际，但是船可不能悬空，于是郑梅玉编了几个“高个子”，用指尖和手掌托起拼板舟。为了固定10 位抛船者，她采用“工字型”固定法。由于达悟人的男子穿的是丁字裤，她还找来绘有穿法图解的书籍学习，真实呈现了丁字裤的传统穿法。《抛船》一作，呈现的不仅是船只下水典礼的盛况，更是达悟人传统服饰的纪实之作。

除了高山族系列，郑梅玉还创作了庶民生活系列、马车系列、猢狲系列。虽然在创作之初遭遇了不少困境，如人体手指的细致化、实物缩小的比例等问题，在没有前例可循之下，屡试屡败，有时甚至两三月都无法编织成功，但她不放弃，不断尝试之下终于突破瓶颈。

台东面山临海，风光宜人，既有丰富的自然资源、田园风光，也有丰富的高山族文化和热带海洋的气氛。各种新鲜元素在这里得到完美糅合，也给郑梅玉带来了取之不尽的创作灵感。在她首度获奖的作品《胼手胝足》中，一群头戴斗笠的农夫各司其职，挑担的、拿锄头的、拿篓子装稻穗的，构成一幅早期的农村景象。造型颇富趣味性，带着古朴典雅之感，展现了当地人亲土亲的浓郁情感。

这就是郑梅玉的蔺草世界。淡淡清香的蔺草在她的手指上，仿佛小精灵般绕来绕去，配合着她的想象，变化出一个又一个动人的故事。

传统草编，延文化香火

优秀的艺术作品必须具有深刻的思想内涵和完美的艺术形态，这是郑梅玉对草编艺术的认知。她结合台湾原生的竹、木、石等复合媒材，实践生态环保，希望让蔺草编织成为台湾文化的根源。

因不忍传统的蔺草编制日渐式微，也为了将蔺草技艺传承下去，每次接到各种展演的邀请时，她都会尽力到现场展示，甚至还为监狱的服刑犯开办蔺草编织技艺训练班。因为个性开朗，她还获得“大姐头”的封号。她发现有的服刑犯的生活经验很丰富，有人扮过‘邯郸爷’、有人有捕鱼经验，反而给她带来很多珍贵的创作灵感。

近年来，郑梅玉致力于延续草编技艺这项台湾的文化香火，一切都只为让真正土生土长的蔺草能香遍台湾的每个角落，走进百姓生活之中，成为台湾文化艺术的新领域。在这个快节奏的社会，她更期望一缕缕蔺草香，能消散世间纷纷扰扰，让每个人都能找到心中的一片净土。

旅游攻略

交通路线	台 9 线→台东市→中兴路三段→连航路→志航路一段→ 146 巷→郑梅玉工作室。
周边景点	台东森林公园位于台东市中华桥下，占地三四百公顷，是一座适合全家休闲的森林公园，园里有枕木步道、森林景观、人工湖、自行车道等休闲、健身设施，让你在里面度过美好的休闲时光。
当地美食	更生北路 76 号的卑南猪血汤是五十年的老店。鲜嫩猪血经过复杂加工，产生滑嫩的口感，大骨熬制的汤底火候掌握得恰到好处，里面加入猪肠、酸菜、韭菜和葱花，让食客欲罢不能。

位置图 ***LOCATION***

线没有生命，但缠出的花有。一项日渐式微的手艺在陈惠美的传承、推广、创新之下，展现出了骄人的姿态和生命力。

春仔花工作室

地　　址：宜兰县五结乡自强东路 128 号
电　　话：03-9605544
开放时间：周一至周五，09：00~17：00，电话预约

缠一朵花开

text | 周娟娟 photo | 陈惠美

陈惠美低头手使丝线，一圈圈缠绕着小纸片，一朵朵亮丽的春仔花就在她手上绽放开来。“线缠紧致一点。”对技法，陈惠美的要求很严格，她坚信好的手艺是创新的基础。

一路走来，以皮养缠花，人们看到的只是被授予“工艺之家”那一刻的灿烂，又有几个人会看到她背后的辛酸与付出。每次遇到问题，陈惠美都会回忆起春仔花带给她的幸福感觉，然后说一句：“值得！”

春天如约而至

那朵花好像在对自己眨着眼睛，每一片细节，都缠绕得如同丝绸般细致、柔滑且充满光泽，如同血液流经皮肤，温暖、亲切，让我一见钟情。

说到和春仔花的相遇，陈惠美的眼睛里有星星般闪耀的光芒，如同少女说起初恋，一脸幸福。那一年，陈惠美50岁，从民俗收藏家林明毅手中第一次看到春仔花。

陈惠美是宜兰人，从小就颇有艺术天分，高职毕业后开始学习插花、服装设计等技艺。在遇见春仔花之前，陈惠美已经是台湾著名的皮艺大师，而当时的春仔花几乎只见于民间婚嫁，而且只有大红色。春仔花常见的12种花型各有其意义，石榴花代表多子多孙多福气，百合花代表百年好合，玫瑰代表爱情……每一种都代表了传统习俗的美好，却都无法阻止一项传统工艺的没落。

从一见倾心，到详细了解春仔花的发展和现状，陈惠美觉得痛心不已。要怎么做才能挽救这项美好得让她怦然心动的手艺呢？

透过林明毅的介绍，陈惠美终于见到了当时已届九十高龄，且还精通春仔花各项工艺的陈爱玉阿嬷。为了挽救这个几近失传的传统工艺，她邀请阿嬷到台湾工艺研究发展中心教学。爱玉阿嬷经过一段时间的考虑后接受了这个邀请，并将春仔花的12种技法毫无保留地教给了陈惠美等学员。授课期间，陈惠美每堂课都亲自接送阿嬷往返，与阿嬷培养出了深厚的情感。而这门技艺，也在阿嬷的不藏私及陈惠美的热情中被传承了下来。

寂寞的冬天已经过去，春的美好即将如约而至。

新土壤新姿态

在陈惠美眼里，春仔花最大的魅力，在于它拥有无限的可能。这个花字所代表的并不是花卉，而是花样的意思，因此无论是花鸟虫草、飞禽走兽，都可以透过缠绕的技法一一呈现。

春仔花用材简单，创作时使用的丝线、铁丝、卡纸等材料，都是市面上到处找得到的。想做出好作品只有一个原则，就是“扎稳基本功”。

但扎基本功也需极大的耐心和细心。如果没有细腻的手法与禅修般的耐性，如何能坐住几个小时慢慢地把一朵花缠出！难怪陈惠美说做缠花就像坐禅一样！

最初陈惠美在台北工艺研究所招收喜欢春仔花的学员，因为那里是她之前做皮艺的地方。别人开拓新事业大多为了赚钱，而陈惠美的第二“职业”不仅不赚，还需要她用做皮艺的收入来扶持。业内人知道，“养”几乎是传承传统工艺必经的过程。

陈惠美不仅是春仔花的传承者，更是“开创者”。

阿嬷过世后，陈惠美感恩于爱玉阿嬷的倾囊相授，也不愿看着一门技艺走向没落。她从阿嬷儿子那里买下她所有的作品。她常拿

陈慧美

着这些作品，揣摩阿嬷是如何完成如此绝技的。

为了更好地传承，陈惠美成立了春仔花工作室。工作室从创始之初就是以推广技艺为目的。对盈利陈惠美没想太多，如她所言，若是以赚钱为目的，她早就坚持不下去了，但她有一个信念，就是坚持做自己觉得有意义的事。

给学员们上课，除了说技法，她也会讲春仔花的历史和故事。陈惠美开始的教学全部以基本工法和红丝线为主，她认为这是对传统的尊敬。

说起来也是偶然，在一次田园调查中，她才知道原来早期的春仔花被客家人发挥得淋漓尽致，在祭祀的供花、儿童的鞋帽、八卦床吊穗等生活用品上都使用过。在扎实基本功以后，她开始鼓励学生跳出传统样式，把这项式微的技艺运用到生活中，与时尚流行相结合。在各种研习课程中，她积极培养学员以多元化的角度探讨并运用春仔花的艺术之美。

有时候，陈惠美会呆呆地望着一株小花草、一幅图片或者一处风景。熟悉她的人不会觉得奇怪，生活中的点滴都会成为她的灵感来源，有时是自然的变化，有时是和学生的言谈片段，有时则是古典艺术。

经过陈惠美的不断研习，春仔花从平面走向立体，形式上也跳脱出最初的大红色和婚嫁用品的局限。头花、发饰、胸针、挂画，甚至装置艺术……春仔花的应用范围越来越广。材质上也有了积极突破，尝试加入宝石镶嵌等工艺，以提升产品的价值。

开枝散叶

传承手艺是一条孤独的路，必须耐得住寂寞，以信念为动力。

让陈惠美印象最深刻的一次展览是在桃园机场。这里是台湾的出入门户，在这里做展览就相当于把春仔花当作台湾的名片，让世界各地的人把它和对台湾的第一印象联系在一起。

当时主办方在展厅设置了一个留言区，想看看不同民族的人对春仔花的印象。看到留言区里用不同的文字表达出的对缠花的喜爱，这些都让陈惠美感到幸福无比。还有一个很久不见的老朋友，在展览上看到了陈惠美的介绍，又和她联系上了。一句好久不见，让陈惠美无比喜悦和感动。

随着参展和开课次数的增加，春仔花得到了越来越多人的喜爱。各地的展览成为一个很好的展销平台。慢慢地，工作室也完善了自我的造血功能，并且有许多服装及家饰设计师，希望将春仔花的元素运用在其他领域上，这些都给春仔花和陈惠美的设计带来了崭新的面貌。

面对这些邀约，陈惠美都怀抱着感恩的心，把握每一次推广的机会，认真参与。市场并非是陈惠美最大的考量，她的创作宗旨只是如何展现作品的精细、姿态，宛如注入一股生命力般永葆鲜活。她让春仔花不仅仅是艺术品，而是成为生活美学的一部分。“至于在市场上是否能有优势我并不在意，我只是想快乐地创作。”

陈惠美一直希望能通过自己的努力，让爱玉阿嬷的春仔花生生不息、代代相传下去！如今，看着濒临失传的手艺在自己的呵护下得到社会的认可，陈惠美感慨万千，她对逝去的爱玉阿嬷和自己都有了交代。

旅游攻略

交通路线	台 9 线→宜兰→五结乡→自强东路→春仔花工作室。
周边景点	台湾传统艺术中心简称“传艺中心”，位于五结乡冬山河畔，占地 24 公顷，已成为宜兰县的观光景点。由于传艺中心位于冬山河下游的风景区内，又与亲水公园相望，因此其周边景致清幽宜人，视野辽阔，深受游客欢迎。
当地美食	位于台东市知本路四段 24 号的湘琪牛肉面，品尝过的人都说不输牛肉面比赛的冠军。这里仅卖牛肉面、牛肉汤和几样小菜。一般的牛肉面汤头口味较重，湘淇则在有味道之余保留了牛肉的鲜味，且牛肉顺着肌理切，没有咬不断的筋，入口不会肉粘牙缝。

陈启村 木雕
施秀菊 串珠
苏建安 金工
吕世仁 陶艺
陈一中 纸雕
卢志松 石壶
李俊宏 陶艺
洪金瑞 船模
蔡舜任 文物修复

台南

位置图 *LOCATION*

启村雕塑工作室

地　　址：台南市中西区西贤一街 98 号
电　　话：06-2509922
开放时间：每天 08：00-18：00，假日需先预约

雕出刹那间的感动

text | 孙凝异 photo | 陈启村

在台南西贤一街上，有一位木雕艺术家陈启村，从事木雕行业已有三十多年。由传统宗教木雕起家的他，在接触西方艺术之后，创作之路更加宽广。他将传统木雕融合在西方艺术中，赋予了它们新的生命。

语言隔阂造就的木雕家

“陈启村！为什么没有交作业？”小男孩低着头不说话，因为他听不懂普通话。没上过幼儿园、从小说闽南语的陈启村随父亲搬到台南后，因为听不懂老师讲课，学习产生了障碍，他索性拿笔躲进了绘画的桃花源里。

“你不爱读书，喜欢画画，干脆去学门手艺，至少有口饭吃。”14岁那年，在父亲的鼓励下，陈启村到一家佛像雕刻店当学徒，住在师傅家中，学习传统雕刻技法。颇具天分的陈启村仅用4年时间便出师了，成为一名粗胚师傅。佛像店对面是展览馆，不时有名家的作品展出，令陈启村心生向往，希望有朝一日自己的作品也能进入艺术殿堂。他开始到各个寺庙观摩佛像，久久站立不舍离去，甚至还曾引起寺庙工作人员的警惕。

20岁当兵那年，在一位学艺术的朋友那里，陈启村第一次见到西方雕塑画册，知道了罗丹、米开朗基罗，见识了肌肉、人体结构比例，了解到中国传统艺术与西方美学的差异。“我不能沦为传统的匠人。”陈启村开始找模特，学习素描、油画和现代艺术雕塑。24岁那年，他成立了自己的雕塑工作室。

他的木雕作品兼具传统与现代感，令人耳目一新。传统工艺奖、奇美艺术奖、台湾工艺之家……几乎无人不知陈启村，他更被称为“台南之光”。那个听不懂普通话的小男孩，终于在艺术创作上获得了掌声。

我要跳出来

20世纪80年代，是一个尊师重道、手艺靠师承的时代。师父怎么教，徒弟就怎么雕。

已经接受过西方美学理念洗礼的陈启村不再拘泥于传统雕刻，他认为神像也应该有时代精神。他开始注重人体的结构比例，表现人物动态时肌肉的变化，把佛像和人物塑造得栩栩如生。

当年木雕流行大头大脸、头重脚轻的造型。当陈启村中西合璧式的作品一亮相，木雕界仿佛被点了一把大火。“前辈们千里迢迢跑到我面前，指着我说‘你做得不对’。收藏神像和古董的藏家也不习惯新鲜的模样，没人购买。”最窘迫时，陈启村全家只剩下500多台币维持生活。外界与家庭生活的压力不断触动着陈启村那颗年轻的心，他有些动摇了，可一拿上錾子、木榔头，还是情不自禁地雕出自己梦想的模样。“我要跳出来。”陈启村不断地说服自己，“唐宋元明清，每个时期都有代表性风格的木雕作品，我要摆脱传统的窠臼，做出属于这个时代的雕塑。”面对大众的批判，陈启村选择了坚持。

凭着这股子倔劲，陈启村天不怕、地不怕地往前冲，第二年，25岁的他在第一届奇美艺术奖上一举夺魁，这成为陈启村艺术生涯的转折点。因为参加比赛的目的，就是想证明自己的实力，打响口碑，再树立作品的形象，让更多人知道传统雕刻并不仅仅局限于宗教题材，也可以是艺术品。“若不是当年破釜沉舟的憨劲，现在的我或许已经被时代淘汰，不做木雕了吧？”陈启村意味深长地说。

陈启村

多年扎实的传统雕刻技法是陈启村的杀手锏，一刀下去“狠准快”，否则雕坏了就毁了。但为了结合西方人体结构和骨骼等特征，他得“自废武功”，毕竟木雕是减法，不能填补。但传统雕刻技艺对陈启村来说不仅是吃饭工具，更是一种使命，能带他达到想要的境界。“传统让我成长，现代艺术给我养分，能更好地表现传统特色，我都不会放弃。”

感动人才是好作品

《新衣》是不同于传统神像雕刻的作品，主角是陈启村的女儿。这一系列多是以女儿5岁到10岁间的模样和形态为范本。他开玩笑说：“每次请模特太花钱了，自己的女儿免费。”

谈笑间，陈启村凭记忆清晰地还原出《新衣》那个真实的场景。妈妈拿新衣让女儿试穿，陈启村一眼瞧见她稚气腼腆的面庞，既欣喜又害羞。于是内心紧紧抓住这个神韵，完美地表现在雕塑作品上。“但衣服不是这一件，艺术，不是纯粹的写实。”

家人成为陈启村灵感的源泉，现实生活中人物的肢体百态和纯真形象更是不可错失的好题材。

一次逛街，一位母亲在专心地为儿子挑衣服，小孩无聊地把脸紧紧贴在玻璃窗上玩耍，好一幅幽默的画面。“这是三度空间的结合，让空间来做玻璃。”陈启村灵感大发，一个月时间，一块沉稳的红褐色樟木被生动地雕琢成那个孩童的姿态与肌理，脸颊与双手紧贴“玻璃”的姿势更显精彩。《窗》，成为陈启村最为人乐道的作品。“我要表现的，就是刹那间的感动。”陈启村认为，作品必须先感动自己，让观赏者读出故事，这比技术更重要。

每年，他会固定雕刻三四件遵循自我、不受市场导向限制的现代作品，因为一个好的工艺家不会只擅长某一个主题，陈启村希望自己的作品更加多元化，但所有的作品只有一个标准——感动人。“就算我到了70岁，还是这样的标准。”50～70岁被认为是艺术家最精华的阶段，艺术理念、经济能力和技艺均趋于成熟，“我要珍惜这个时段，尤其做木雕，不同于书画家，七八十岁还能写会画，那时我的眼会花，体力会衰退，但把生活中的喜怒哀乐和情感百态带进作品的理念不会变。”平和的语气中，透着陈启村三十多年前那股子追求艺术的坚定。

旅游攻略

交通路线	1号高速公路→永康交流道→台南市方向→台1线→中华北路→右转至和纬路五段→左转至西坚一街→启村雕塑工作室。
周边景点	赤崁楼又称红毛楼，是台南著名的一级古迹，它是1653年荷兰人所建的城楼，如今已成为台南的标志。现在的赤崁楼其实是普罗民遮城残迹，以及海神庙、文昌阁的混合体。虽然与江南的亭台楼阁不同，但它却散发出属于自己的浓浓古味，在此可领略到台南古都的魅力。
当地美食	担仔面发源于台南，“担仔”在闽南语中是挑扁担的意思，用扁担挑着面摊沿街叫卖，创始人是渔夫洪芋头。担仔面用的是油面，用竹制网漏煮面，盛在精致的小碗里，用肉燥做浇头，有时再搁一尾虾或是半个卤蛋，非常美味。

位置图 *LOCATION*

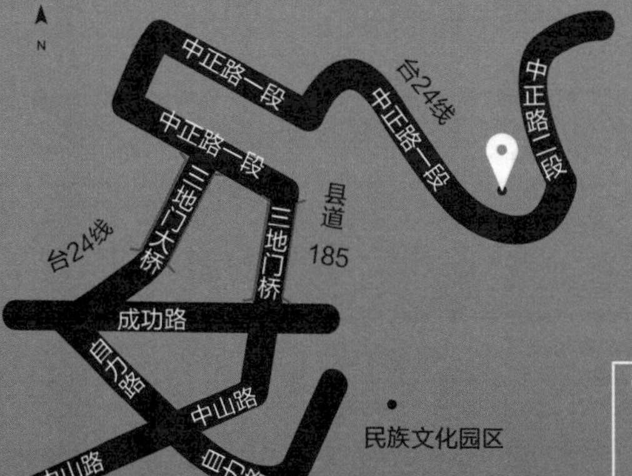

排湾人深深相信，琉璃珠是造物主赐给自己最珍贵的礼物。

蜻蜓雅筑珠艺工作室

地　　址：屏东县三地门乡三地村中正路二段 9 号
电　　话：08-7992856
开放时间：周一至周日 08：00~20：00

排湾人的传家宝

text｜大米 文丽君 photo｜施秀菊

在台湾屏东三地门，如果你看到一只斗大的蜻蜓停歇在青山绿野中，你就看到了蜻蜓雅筑。以琉璃珠制成蜻蜓站岗，以琉璃珠铺设地面迎宾，你来到的正是一片斑斓的琉璃珠天地。

每一颗琉璃珠都代表着一个古老传说，排湾人与生俱来说故事的浪漫，让一颗颗琉璃珠仿佛是生命的史书。想要翻阅这些传说，就从“蜻蜓雅筑”开始……

每颗珠子都有名字

蜻蜓雅筑工作室里，一对对年轻情侣总是拉着施秀菊不停地询问：“这串珠子代表什么含义？”

“红色、黄色、绿色和黑色在排湾人眼中分别代表血液、土地、森林和祖先，这4样组合在一起就是代表财富和地权的土地之珠，在排湾人眼里有着‘地契’的作用。”施秀菊拿起一串琉璃珠手链说。一颗颗绚丽多彩的琉璃珠，经她的讲述，仿佛有了生命力，变得流光溢彩。

这样的情节如同电影《海角七号》里的爱情桥段，几乎每天都在蜻蜓雅筑上演。因电影慕名而来的游客也渐渐多了起来。村里人调侃施秀菊：“一部电影让你咸鱼翻身哦！”可是，只有施秀菊知道，这一切虽然看似偶然，其实都是必然。

排湾人素有三大传统手工艺，青铜刀、陶壶和琉璃珠，其中琉璃珠最为重要。施秀菊说："它是排湾人的传家宝。"排湾人深深相信，琉璃珠是造物主赐给他们最珍贵的礼物。婚礼下聘，必须要有琉璃珠做的首饰和镶嵌的服饰，若要娶排湾人头目或贵族的女儿，一定要将太阳之珠中的一颗孔雀之珠当作聘礼。

"全世界都有琉璃珠，而排湾人的琉璃珠，每一颗都有自己的名字，也代表着不同的含义。"孔雀之珠象征爱情、友情，勇士之珠象征功成、英明，手脚之珠象征智慧、能力，甚至还有男珠、女珠之分。由于排湾人对琉璃珠的景仰与推崇，也衍生出许多不可冒犯的禁忌，例如，绝不可从琉璃珠上跨过，以免招来厄运。在施秀菊看来，这些都是排湾人的文化。但20世纪七八十年代，伴随欧美文化的进入，传统文化快速流失，排湾琉璃珠的工艺也几近失传。

1983年，为了保护文化、拯救技艺，施秀菊和先生一起成立了蜻蜓雅筑。"排湾人的琉璃珠，又名蜻蜓玉，因为它的色彩像蜻蜓尾端的颜色那般艳丽。"施秀菊说，这就是蜻蜓雅筑以蜻蜓为名的原因。

排湾人没有自己的文字，所有的历史、故事均是口口相传。当时，古老琉璃珠的制作方法已无据可查，施秀菊一面研发烧制技艺，一面寻找市场机遇。她想尽一切办法尽可能地展示自己。庙会、艺文广场、文化中心……哪里有展出，她就背着满满的琉璃珠子和琉璃首饰赶到哪里。

20世纪80年代的台湾，人们对高山族的传统手工艺并不感兴趣，施秀菊吃了不少闭门羹，但是她却坚持着自己的一片天空，将排湾琉璃珠的古法技艺与现代审美相结合，不断改进。

山峦蜻蜓乘风而起

经过最初的打拼，蜻蜓雅筑在台湾屏东一带已略有名气。然而就在事业顺风顺水时，一直支持施秀菊的先生因车祸离她而去。失去所爱的痛苦，并没让她丧失斗志，情到浓时，施秀菊也只是泡一壶茶到先生坟前聊天，她说："就像我们排湾琉璃的'泪痕之

施秀菊

珠’，是情深的女子因思念远征的丈夫，眼泪一颗颗流下来，化成的晶莹珍珠。在我看来，他只是出了远门，买了一张单程票，搭乘了无轨的列车。”

沧海月明珠有泪，只因思念远方征战的未归人，后来，这颗因思念而凝结的“泪痕之珠”，挂在了《海角七号》主角的脖子上，成为串联整出戏的沧海明月珠。

经过28年的努力，借着《海角七号》的东风，施秀菊乘风而起，将蜻蜓雅筑推向了更远的世界。除了自己开设的3家直营店外，台湾的博物馆也有出售纯手工的蜻蜓雅筑琉璃珠，日本、欧美的百货公司也设有柜台代理，北京、上海等城市，也有一些商店进货销售。

“希望每一个买走琉璃珠的人，不仅将其看成是精美的首饰，还能读懂这个代代承载的传说。”这是施秀菊的心愿。然而，伴随《海角七号》的深入影响，不少人照着电影里的样子仿制了各种劣质珠子进行销售。“这也是一直困扰我们的问题。高山族图腾没有版权，谁想用都可以。但他们并不真正了解其中的文化内涵。”

不仅是工作，还是一份尊严

近年来，台湾大力推动“文化产业化，产业文化化”，在施秀菊看来，这不是口号，而是一个方向。如今的屏东三地门，在蜻蜓雅筑的带领下，已成为一个小小的琉璃珠艺术村。许多到台湾旅游的人，都希望在自己的民俗之旅里，安排上蜻蜓雅筑这一站。

与其说是企业，蜻蜓雅筑更像是个集制作、体验、水吧为一体的手工体验馆。这里既有成品的琉璃珠首饰出售，也能坐下来跟随师傅们体验一把烧制琉璃珠的乐趣。累了，坐在门口的大树下歇个脚，喝一杯上好的咖啡或排湾人自酿的小米酒，看着蜻蜓雅筑头顶的巨大蜻蜓发呆。“在体验排湾文化之美的同时，更让心灵在山水间享受另一种停留的乐趣，进而创造消费契机，达到经济开发的目的。”施秀菊说。

在所有环节里，串珠DIY课程是蜻蜓雅筑最受欢迎的活动。你可以从8颗最具代表性的琉璃珠中选择一个，在工艺师的指导下烧制，完成的珠子可串成手环或项链。这里也有材料包出售，里面包括皮绳、琉璃珠、铜珠等材料，想串成什么样全凭自己的喜好。

琉璃珠是在800℃～1400℃的高温下烧制而成。烧制过程其实并不复杂，准备一根耐火棒，再用各种矿物和金属制作各种颜色的玻璃色棒，将预热好的玻璃色棒移至火焰中，待到玻璃烧红熔化，就缠绕在耐火棒上制成底珠。依次加热所需的颜色，就能在底珠上绘制出想要的图腾。如果玻璃在火焰中停留过久，颜色就会渐渐浑浊，所以从底珠到彩绘的过程必须分秒必争。再经过一段时间的降温，色彩缤纷的琉璃珠就算做好了。

“因为全手工制作，即便是绘制一样的图腾，也不可能找出完全一样的珠子。”施秀菊说，这也是人们喜欢琉璃珠的又一个原因，每一颗都是唯一的。

跟随施秀菊的工人们，从最初的两人发展到如今的三十多人，变的是人数，没变的依然是那份对排湾女子的真情。

在这里工作的员工，基本都是拖家带口的排湾家庭妇女。因为带着孩子没法外出工作，就靠着一门手艺就近工作。“我提供给她们的，不只是一份工作，还有一门技能，一个生存的尊严，一个生命的温暖！”施秀菊说。

2011年，施秀菊获得APEC（亚太经济合作会议）妇女与经济高峰论坛的特别奖。在得奖的两位女性里，一位是风头正健的HTC手机董事长，而另一位则是蜻蜓雅筑的施秀菊。在颁奖现场，施秀菊赢得了全场掌声。身着排湾服饰接受颁奖的她，将琉璃与部落文化紧密相连，既找回了自我认同感，又重拾了部落荣光。

施秀菊说：“工艺是手及情感表达的创作！这个奖项是上帝给我的礼物，未来的自己还将继续为传承部落文化努力！借由琉璃珠，让排湾人的文化可以永续。”

旅游攻略

交通路线	3号高速公路→长治交流道→三地门方向约25分钟→三地村→中正路→蜻蜓雅筑珠艺工作室。
周边景点	到三地门乡德文村，一定可以感受到山野风光的美景。整座村落依山势而建，处处可见石板屋、石板墙和石板图腾等文物。遍布山间的梅花、樱花、梨花，吐满地芬芳；深藏幽壁深谷中的天鹅湖，水面宽广，清澈见底，景色幽美，令人悠游神往。
当地美食	琉球香肠最大的特色就是去筋，也正因为去除了筋，琉球香肠吃起来没有任何坚硬难嚼的口感，加上本身肉质精良，不添加防腐剂，且用真正的猪小肠包裹，口感既天然又细腻，而且制作过程完全公开。琉球香肠使用在春卷和香肠炒饭中也是不错的搭配。

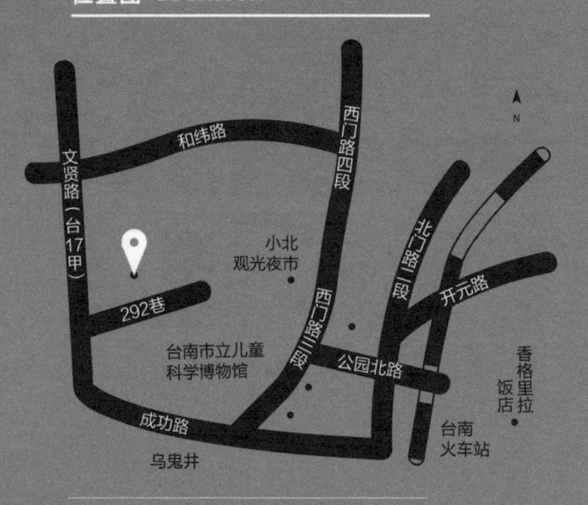

原本只存在于庙宇宗教的金工文化，在苏建安手中进入到日常生活，既呈现出台湾固有的工艺之美，也重塑了金工艺术的现代形象，为传统产业开辟出更多的可能性。

天冠银帽工作室

地　　址：台南市文贤路 292 巷 75 号
电　　话：06-2582686
开放时间：周一至周六 08：00~12：00
14：00~21：00
周日休息，可预约参观

传统银帽演绎时尚金工

text | 文丽君 photo | 天冠银帽

原本属于特殊产业的银帽是台湾宗教文化的延伸，即使在三步一小庙、五步一大庙，宗教庙宇文化浓郁的台南，银帽生产商也屈指可数，其中天冠银帽是叫得最响的名号。

这个创立仅十几年的品牌，虽不及一些老牌企业历史悠久，却通过对金银工艺技法的钻研，逐渐走向另一条文创之路。当传统的工艺技法融入美感体悟与创意构思，其作品不仅传承了文化，也引领了时尚，不再只是器物，而是更艺术地深植于生活中，诠释着新的东方生活美学。

走进金工，走出传统

“我不会做这个，要做也不会做成这个样子。”从小看着大自己11岁的哥哥苏启松打造银帽，苏建安总觉得那些龙凤造型的帽顶既复杂又困难，他默默地告诉自己，不会走跟哥哥一样的路。

高职毕业后，苏建安努力考上警专，原本只盼过上收入稳定的“铁饭碗”生活。但在报到的前一夜，与哥哥一番彻夜长谈，使得他改变初衷放弃了入学资格。在哥哥的引荐下，苏建安到黄金工厂担任学徒，踏进了“金工”世界。出乎意料的是，不到一年时间里，他就将金工的柳丝技法、錾刻技法、塌工技法、镂空技法、镀金双色、刮金双色等全部学会，而后跟着哥哥学习银帽工艺。

走进位于台南文贤路的“天冠银帽”，透过精美的店面，就能读出一段台湾金工文化的历史故事。这是一栋三层楼房，一楼商店，二楼展览馆，三楼工作室。在展览馆里，妈祖帽、相帽、元帅帽、太子帽、帝帽、王帽……各种神明银帽、兵器、摆饰，应有尽有。

苏建安以自己所学的金工工法与兄长教授的银帽技法相融合，创造出独具特色的银帽。他说，颠覆传统是创新的起点，比如传统银帽的装饰多用线纱制作龙珠，他却改用宝石、水钻，尤其是超大的红粉色半宝石，缀在银帽上像是盛开的牡丹，更显华丽。仔细看，银帽上的龙、凤造型也和一般的造型不同，苏建安将寺庙建筑的剪黏技法融入银帽制作中，两项传统工艺的碰撞和融合，让他所做的龙和凤格外栩栩如生，富有立体感。

“一开始，客人对换了宝石龙珠的银帽都觉得新奇，材质高贵了，银帽当然更有品质感，但我卖给他们时不加钱。慢慢大家就接受了这种创新，因为他们都知道这个价值。”苏建安说。

但苏建安的创新并不止于此。银帽受限于宗教用途，推广范围有限。苏建安认为若将银帽打造的工艺技巧，用“画”的方式呈现，题材的选择面可以更为广阔。《平安富贵》的创意，就取自一幅静物油画，苏建安以柳丝织的方式结合组装，加上镂空技法，平面画作也巧雕成了立体。

而后，苏建安继续在传统中求变，更结合生活美学与创意，将艺术带入生活。因为他知道，只有步入生活，才会有产业出来，只有走上文创产业，路子才会宽。

从简单出发

“‘好的艺术家’与‘伟大的艺术家’如果各用一个字形容，就是‘抄与偷’”。苏建安对于创新的解读，与画家毕卡索的名言不谋而合。

问及他是如何抄与偷的？苏建安毫无保留地回答：“最开始就是通过比赛。”

苏建安

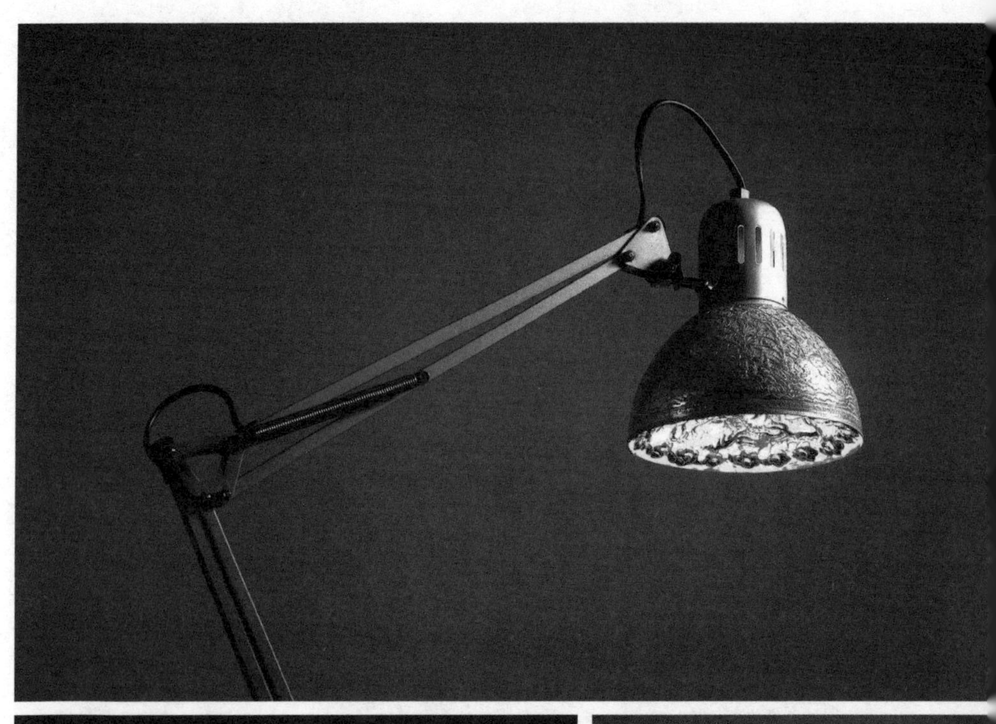

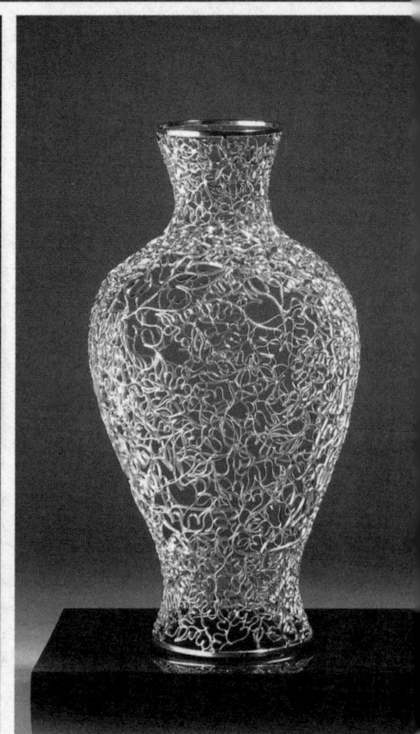

十年前，苏建安与“天冠银帽”开始参加台湾各种传统民间工艺竞赛，“参加比赛你会看到不一样的设计，并非拿到金奖就是最好，而是在这个过程中你学习到了什么。”通过比赛，台湾金工产业注意到了这个年轻且创新的品牌，苏建安开始崭露头角。

苏建安最著名的当属“柳丝”系列作品。柳丝系列，源于他当年接受台湾工艺所的展览邀约，以DIY的形式，让大众亲自体验金工的趣味世界。苏建安想，撇开繁杂且需功力的金工技法不谈，光是一些必要的工具配备，就谈不上什么亲近百姓。所以他以柳线的方式，用一条简单且轻盈的银丝线，通过拉折弯曲来表现装饰上的变化，最终演变出来的，就是如今备受关注的叶片艺术。

而后，台湾工艺研究发展中心推出“Yii品牌”，以台湾工艺现代化为理念，联合设计师和工艺师打造了一系列生活美器。苏建安开始与“Yii品牌”合作，将传统银帽工艺化繁为简，设计出一系列备受称赞的作品。如《卧虎藏龙》灯罩，以传统银帽中的龙为基底，摒弃过于繁杂且难以生存的区块，让金工从简单出发，成为不简单的生活艺术；《银影》花器，设计概念截取了东方传统印象的古董花瓶造型，以金工细银制作出镂空，让花枝可以任意穿插，改变了传统的插花方式，这种古典东方造型与现代西方设计语言相融合的做法，充满了新潮流魅力。

“做简单的艺术，才是真正的不简单，而简单的形式，就是不简单的思考。”在苏建安看来，传统工艺要懂得怎么去生活化，而好的设计是要“用”的，只有“用”才是工艺美学的提升。

苏建安认为工艺师需有所修为，并把工作当成修行，只要用心到位，拿出诚恳的态度，就能将作者的精神、想法一一呈现，做出会说话的作品。“就好比银帽，即便戴在神明头上，它也应该从一个艺术的角度来欣赏。当你膜拜神明的时候，你就会觉得它跟你有互动，就像在欣赏一件艺术品一样。”

文创要有文化的底蕴

曾有人问苏建安“什么是艺术”，他认为把自己所要的东西，放在作品上并传递出来，就是艺术。“让作品自然去延伸，随意而做，就是当下你在想什么，就把它做出来，而不是匠化。”

曾有段时期，苏建安的成就来自于得奖，现在则藉由艺术创作，获得心灵满足。他远赴米兰、巴黎、大阪等地，参观当地的金属工艺作品，和工艺家交流。他也计划将台湾传统特殊的文化予以时尚化，打进流行时尚圈。他努力把创作表现在生活用品上，希望打造属于自己的文化，让作品与文化结合，让作品感动人心。

“文创应该有文化的底蕴，在堆叠的历史中寻找根基，创意设计的高度才会呈现！出去考察交流的时候我会比较，但我们拿什么跟人家比？就是文化。只有把文化带出去，我们才有办法去竞争。如果说你拿顶级的作品跟人家比，那是比不完的。”苏建安说，“技法再特殊，只要肯学都能跟得上，唯有文化概念独一无二。工艺加上创作理念，让作品有了故事性，具备传承能量，既是艺术，又能实际应用于生活中，这是未来台湾文创发展的方向。”

苏建安认为，工业设计师懂得如何将产品生活化，这是值得工艺家探讨及学习的地方。“传统工艺师欠缺的就是设计，既然知道欠缺，不如早一点去学习。加上设计师的设计，及我们的设计，会开发出很多东西出来，让文化更加不一样。”但设计师思维现代，工艺家思维传统，一定要通过观点的转变，传统与设计才无界限。

所以，苏建安很乐于与设计师合作，也热衷开发复合媒材作品。比如《风的线条》，是漆艺与金工的结合，将日月潭的风、水、云、雨等自然情境，尽情收纳在潭形的笔座与名片架中；《竹花器》则是竹艺与金工的结合，看上去光亮的竹子并非烤漆，而是以烟熏工艺处理过，几十年不褪色。为什么越来越多的工艺师热衷于复合媒材的创作，一是可以挖掘工艺上更多的可能性，二是复合媒材不容易被模仿。

“我很感谢‘文建会’、工艺中心，给了工艺师很好的平台。如果没有这些，我现在还是一位很传统的工匠。”

对于此，苏建安心怀感恩，所以他一直在储备能量，希望为台湾工艺做点什么。他有个企划，就是利用DIY的方式教一些学生，从中挖掘出工艺种子，开拓创作型产业。透过创作的量产，带动需求和劳动市场，“那么传统这个区块，就不会没落下去。”

旅游攻略

交通路线	1号高速公路→永康交流道往台南→中正北路→中正南路→西门路四段→西门路三段→成功路→临安路二段→文贤路→天冠银帽工作室。
周边景点	位于英商德记洋行后方的安平树屋，是台南一处十分别致的景点。屋内长有不少大榕树，数棵榕树之枝杈与气根，盘根错节，连墙壁都攀爬了不少树根，层层包覆着屋顶与墙壁。“屋中有树，树中有屋”是对台南市安平树屋的最佳写照，特殊情调和神秘气息，一直让人向往。
当地美食	鳝鱼意面是台南传统小吃美食之一，口感轻脆弹牙的鳝鱼片，咀嚼起来富有甜味，加上浓稠的芡汁与青葱、洋葱与蒜末，味道香醇浓厚，让人回味。在鳝鱼意面面店，店家会将同体积的约莫碗大小、干硬、已经油炸处理过的面块，堆放于料理台前，堆积如山面块蔚为奇。

位置图 LOCATION

台湾文学馆
孔庙
往台南火车站
海安路一段
西门路一段
府前路一段
府前路一段
延平郡王祠
大南门
南门路
台湾府城城垣遗迹
永华路一段
西门路一段
夏林路
台湾大学
法华寺
五妃庙

在吕世仁手中，交趾陶不单单是建筑装饰品，更是精致的生活实用品和艺术收藏品。

吕世仁交趾陶工坊

地　　址：台南市夏林路220-3号
电　　话：06-2917998
开放时间：平日10：00~22：00，假日需预约

交趾陶，庙宇之外

text | 文丽君 photo | 吕世仁

台湾寺庙众多，过去常可见到庙宇上有许多色彩鲜艳、象征忠孝节义的祥瑞陶艺装饰品，它就是交趾陶，也是最能代表台湾民间艺术的传统工艺之一。

传统工艺多给人“夕阳产业”的印象，但交趾陶工艺家吕世仁的作品却给人不一样的观感，呈现出一种越挫越勇、绝地重生的拼搏毅力，从而为交趾陶开创了一片庙宇之外的广阔天地。

建筑之上的祥瑞

当你走进吕世仁在台南夏林路上的交趾陶工坊，目光立即会被满屋精美的陶塑所吸引：从白须的老子到红脸的关公，从活泼的麒麟到威风的马头，从典雅的香炉到吉祥的烛台，就如同进入一家中国传统吉祥物博物馆。在吕世仁手里，过去用于装饰庙宇的交趾陶被注入了鲜活的现代生命。

吕世仁1962年出生于嘉义，中学时便利用寒暑假跟随兄长吕胜南和姑丈纪渊贵学习庙宇佛像的雕刻。白河关仔岭碧云寺、高雄莲池潭春秋阁、彰化溪州育善寺，都留下了他们的作品。因寺庙佛雕工作涉及的工艺十分广博，从木雕、泥塑到剪黏，无不接触，吕世仁因此具备了多元创作的视野。

一次偶然的机会，吕世仁兄弟接触到嘉义交趾陶名匠林添木师傅，被交趾陶那丰富而饱满的色彩所吸引，一头便扎了进去。1987

年，兄弟俩在嘉义成立龙凤祥交趾陶艺社，主要承接大型庙宇工程。开社的成名作便是为嘉义北门天后宫创作的屋顶大型交趾陶神像，高1.3米，共计26尊，气势宏伟。同年，他们又为高雄永丰余高尔夫球场创作了交趾陶麒麟壁，高4.7米，宽8.5米，是世界上最大的交趾陶麒麟壁。二十多年来，两人为各地寺庙建筑留下的交趾陶作不下三百件，遍布台湾嘉义、佳里、安定、旗山等地。

1994年，吕世仁迁居台南，除某些大型寺庙工程仍与兄长合力完成外，开始尝试独立创作。

庙宇之外的新生

“作品就是创作者个人生命经验的累积，把它表达出来。传统交趾陶除用于建筑装饰外，还可以应用于生活中，这样交趾陶的艺术性会较高。”秉承这样的理念，吕世仁开始新的创作。

《观自在》是吕世仁独立创作初期重要的代表作，将观音静谧、自在的神情掌握得相当到位，圆润饱满的躯体，加上衣袍随着曲膝而自然起伏的皱纹，动中有静、静中有动。《东渡》将一个皮肤黝黑、浓眉大眼、手持念珠、气宇轩昂的达摩塑造得生动形象。在颇具传统造型特征的雕像之外，吕世仁也尝试一些趣味性的祥狮创作，他甚至观察初生小女儿趴睡的可爱模样，作为雕塑小狮子的灵感。这些作品不论是造型还是色彩，都能在传统的基础上表现出艺术家个人细腻、独特的手法和思想。

交趾陶的釉色，基本上不脱绿、白、黄、蓝及胭脂红等几种主要色调，再由这几种主色搭配成30种浓淡不同的釉彩。釉色调配、提炼，对匠师而言是一项高难度的挑战，如何将各种釉色调配到同一温点，让十几种釉色在定点温度上同时烧成，完全依赖匠师的经验与智慧。吕世仁在釉彩的搭配上，往往能表现出鲜而不艳、巧而不繁的古朴趣味。

吕世仁说，交趾陶作品都是立体造型，人物的眉眼、鬓发、手足，动物的毛、鳞、爪，不但要比例合适，更强调体态、表情的传

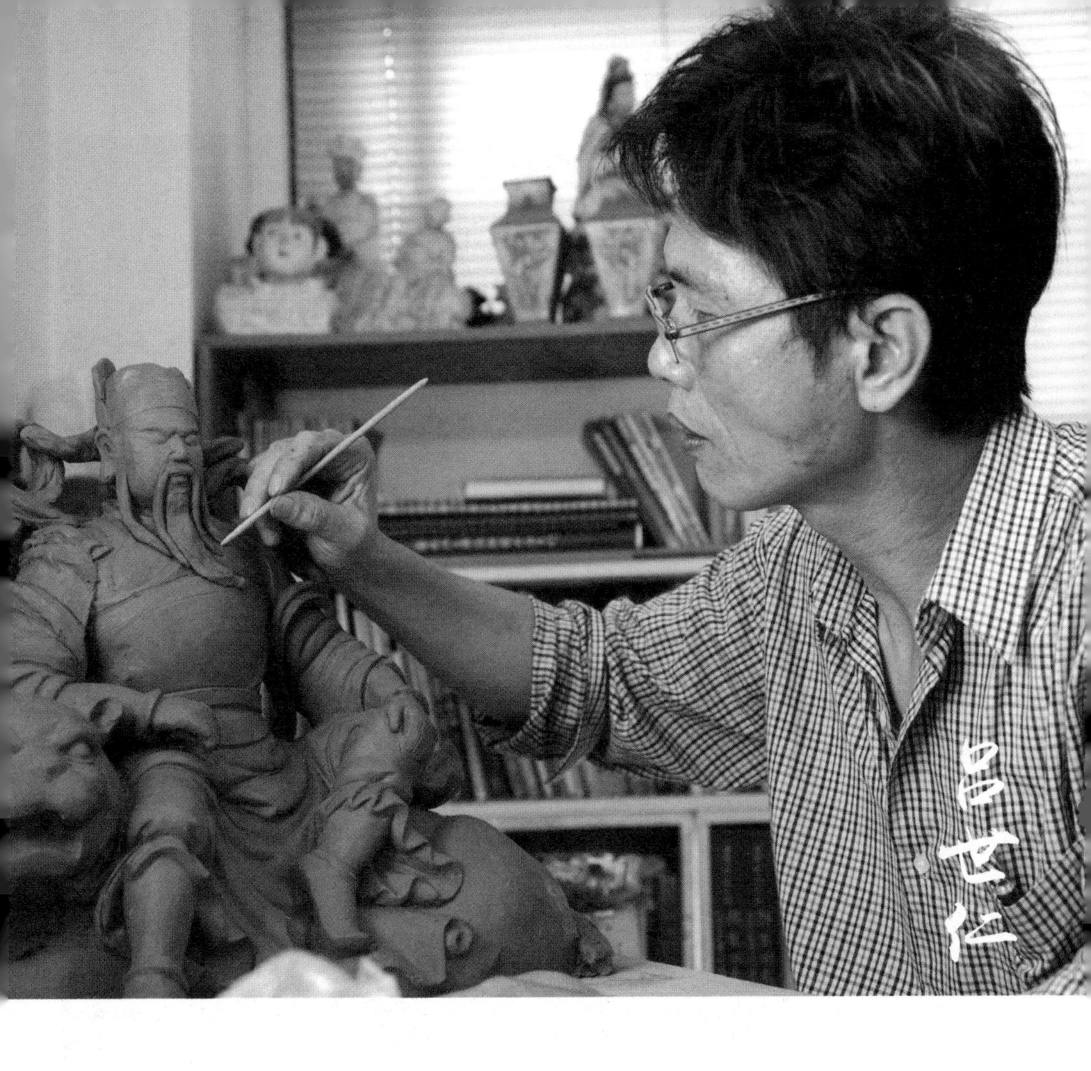
吕世仁

神和鲜活。从捏塑、粘接、上釉到两次烧制，任何一个环节的闪失都会导致前功尽弃。“最困难的还是对陶土收缩比例的拿捏，例如紫砂土与黑土收缩率就差很多，要将二者放在一起窑烧更是困难。为了用紫砂土将达摩黑黑的肤色直接表现出来，我在创作时将两种陶土做成一个作品进窑烧，结果紫砂土缩得比较多，导致作品烧裂（就是两种土分开），在连续坏了二三十件后，终于才将陶土的比例调整到最佳，烧制出来一点瑕疵也没有。虽然损失惨重，但我学到如何利用不同陶土的特性来增加创意。”

工艺与设计的融合

“我对于神兽或生活艺术品比较拿手，我做的东西给人感觉较有亲和力，收藏者说让人有安详、如沐春风的感受，最近我在和一些设计师合作，尝试不同的风格。”与很多工艺家固守传统的理念不一样，吕世仁愿意与现代设计师合作，在他看来，这是为传统工艺注入新鲜血液的一种方式。

他曾与国际钟表品牌昆仑表合作推出交趾陶限量腕表，以台湾普遍用于住家的风水挂饰交趾陶“镇宅狮”为表面，一对售价25万元。而最令人印象深刻的，是他参与“Yii计划”所创作的“蟠龙花瓶”和“龙腾杯”。

2009年，台湾推出了“Yii计划”，倡导设计师与工艺师进行跨领域合作，旨在通过当代设计转化传统的台湾工艺，为之注入新观点及新生命。交趾陶作为极具台湾特色的工艺项目之一，当仁不让地被纳入计划之中。然而，和设计师的合作并不容易，“因为各有坚持，困难重重。设计师的想法超乎现实，不能与匠师的做法相结合，且设计师不了解工法，以为画得出来就做得出来，其实不然，当初也是沟通很久才有了后来的作品。”吕世仁说。

但是，合设计师和工艺师之力完成的“蟠龙花瓶”令人眼前一亮，也为传统的交趾陶开启了新的创作方向。交趾陶的把手与工业材质的瓶身组合，衬托出蟠龙（庙宇建筑装饰）与多边形（数字设计元素）的古今对比，形成风韵独具的细腻质感。“我觉得这种做法很好，可融入新思维，有新意却不失传统意义。”

虽然深知交趾陶和所有传统工艺一样，都面临后继无人的局面，吕世仁依旧在自己的艺术道路上坚守。“现在除了我跟三哥外，还有多少人是真的在创作，说实话我不得而知，因为我很少去打探别人的情况，即便还有，应该也会为了后继无人又体力负荷过重而苦恼吧。匠师们需要有好体力才有创作力，而匠师们普遍年纪偏大是不争的事实，我算是年轻的，也都五十几了。”

或许用他自己的一句话能表达他从艺三十年的全部感想，“我将青春托付给交趾陶，而交趾陶则诠释了我生命的意义。”

旅游攻略

交通路线	1号高速公路→仁德交流道往台南方向→东门路三段→东门路二段左转林森路→健康路→左转夏林路→吕世仁交趾陶工坊。
景点推荐	位于台南市七股区盐埕里的台湾盐博物馆是目前台湾唯一有关盐产业的主题博物馆，盐堆状的外型造观格外有特色，远望像两座白色金字塔矗立在盐田里。除了了解盐的知识外，馆中也有各项盐业文化商品与盐咖啡，值得游客到此一游与品尝。
美食推荐	连兴宫在妈祖庙旁边，是有名的美食广场，这里的阿憨咸粥相当有名，尤其是虱目鱼粥，汤底鲜美滋味丰富，米粒香甜吸尽汤汁，大片的虱目鱼肚油脂丰润，粥底更藏着多粒新鲜的蚵仔，再配根油条，在蒜头酥的提味下，立即就能吃个碗朝天。

位置图 *LOCATION*

往1号高速公路
永康交流道
N
开元寺
台南市立
儿童科学博物馆
开元路（台20线）中山南路
公园北路
北门路二段
东丰路
南园街
美术工艺馆
重道
崇文坊
成大医医学院
附设医院
往台南火车站

陈一中醉心于纸雕作品线条和肌理造就的独特质感，并被其深藏的魅力激励着，自得其乐。

陈一中纸雕馆

地　　址：台南市北区南园街96巷1号
电　　话：06-2378081
开放时间：电话预约

金箔雕翼

text | 袁倩　photo | 陈一中

陈一中，台湾纸雕协会创会理事长、台南陈一中纸雕馆的主人，自1984年偶然步入纸雕界后，一发不可收拾。三十多年来，他创作的纸雕作品达千余件，其中最小的长宽只有20厘米，大件长宽达600厘米。他只用夹子、剪刀等简单工具，通过切、剪、折、卷、叠、粘等技法，就能把平淡无奇的纸张变为活灵活现的动物、人物、植物、盆景等作品，其中尤以雕龙的技巧最令人啧啧称奇，而把金箔剪贴技法用在立体纸雕中更是他的独创。

发现金箔

早在2000年，陈一中就在世界3D立体插画大展上崭露头角，他的作品《龙生九子》由九条立体纸雕龙构成，条条形态各异、个性鲜明，最后被组委会评为纸雕类银奖。为创作这九条长达6米的巨龙，他不断修正、思考，共花费了5年时间。

然而，这种获奖殊荣并不能消除他作为纸艺家的尴尬。长久以来，纸艺在民间广泛流传，但由于纸张本身的价值较低，在艺术品市场，哪怕是纸艺家耗费了大量心力创作的精美作品，也往往卖不出与其所耗成正比的价钱。虽然，金钱并不是衡量艺术品价值的唯一标准，但作为艺术家的陈一中在生活中是一个普通人，需要靠着工作所得去养活一家5口人，他不得不去思考，如何才能提升纸雕作品的附加值。

自1994年他创作第一件纸雕作品开始，他最熟悉、最得心应手的材料是150磅的丹迪纸。这种纸厚薄适中，无论他如何运用，都能达到自己想要的效果，他的得意之作《母仪天下》就是用这种纸创作而成的。

为了拓宽思路，陈一中首先抛弃对丹迪纸近二十年的依赖，将目标转向了造价偏高、最难塑形、最易损坏的金箔纸。使用金箔纸之初，破损、粘连等问题经常发生。一直到2010年，他在德国发现一种和丹迪纸厚度相近的金箔纸，这种纸可随意切割、压边、卷曲、折叠、黏贴、塑型。

找准了材料，下一步是找对表现素材。在台湾安平，许多传统民居的门楣上高悬着口中衔剑的狮子，充当门神。现在，安平剑狮已然成为台湾最受欢迎的吉祥物之一。长久以来，剑狮的作品有木雕、石雕、蚵灰雕，唯独还没有纸雕。陈一中决定用金箔去填补这个空白，并决心用作品改变人们对剑狮怒目圆睁的威严印象。在2013年台湾最大的创意大赛——“Hidden Art来尬艺”草根VS文创设计的征选活动中，他创作的6个各具特色的金箔纸雕剑狮正式亮相，一举获得“设计亮眼奖”。

轻翼就中

金箔纸雕为陈一中的作品增加了不少附加值，他最贵的金箔作品市场价现已超过100万元人民币。然而作品“高居庙堂”并不是他创新的初衷，他又想出一条新路子，让金箔纸雕工艺品走向民众。

一直以来，台南人的生活都离不开“意头”一说，即喜欢把某种美好的愿望附着在一个相关的物体上，憧憬着通过随身携带这个物体，就能实现愿望。他的金箔小工艺品系列就瞄准了人们的这种需求。为了迎合人们对考试、买彩票希望“中”的心态，他不惜拿自己的名字开涮，创作了羽毛雕作品，叫作《轻翼就中》；为了给婚恋中的情侣送去富有深意的祝福，他雕出金箭和宝石混搭的吊坠，取名《金石盟》；为了给年老的游子带来一丝安慰，他创作了

陈一中

金叶和金树根的组合挂饰，叫作《叶落归根》……

虽然带有“意头”的工艺品颇为畅销，但一个人的精力毕竟有限。构思、收集资料、制作……每个过程都相当费时。谈及自己的名作《母仪天下》，陈一中说，这个以清朝宫廷画师郎世宁所绘的《皇后冬朝冠图》为基调的作品，创作时因皇后的朝服有一定的形制，所以必须研究清代的服饰史料，光是研究资料即达半年之久，制作时间更是长达一年半。而且，它的图样极为复杂，有时光考虑制作程序和克服偶发的各种技术问题，就耗去制作的大半时间。

为了让更多的民众能接触到自己的作品，陈一中又寻求了一种新的传播方式。他借鉴西方纸雕艺术的经验，把优秀作品的照片拍下来，制作成卡片、动画、图书、海报等形式进行售卖。另外，在闹市区的橱窗、市政布景中，也不定期展示自己的名作。

独乐乐不如众乐乐

回忆从事纸雕事业的历程，陈一中说就像水流向大海般，从个人创作、参赛、出书、展览、教学、推广，到最后成立协会，把许多同好者聚集在一起，他会一直毫不犹豫地走下去。而促使自己一直坚持纸雕艺术的最大动力是每一个创意都可以贯彻实践，每一件作品见证了自己的努力。因此，现在的他想把这种快乐的方式与更多的人分享，教授更多的人学会纸雕，让纸雕融入他们的生活。

现在，接受过他纸雕教学的人数近两万人次，完整接受基础教学课程者达五百人次。学员最低年龄8岁，最高74岁，覆盖大学设计或艺术相关科系的学生、教师和退休人士、残障人士，甚至还有监狱受刑人员、戒毒人员。“我最得意的是，我的学员中，现在达到种子教师资格的约有一百二十人。”陈一中乐呵呵地分享道。

对于教学，陈一中很有一套。他说：“上100小时的课，还不如一次DIY来得快！”他强调，纸雕技法并不难，透过切割、压边、卷曲、折叠、黏贴、塑形，就能创作出各种题材的作品，重点要有创意。技法只要用心练习皆可掌握，而创意需长期观察及构思。纸雕作品的线条及肌理，不同于绘画的笔触，自有一份让人醉心不已的独特质感。创作者如果发现深藏其中的魅力，就能激励自己一直走下去，并自得其乐。

谈及全世界纸雕工艺的发展趋势，陈一中说："未来的艺术是综合艺术！纸雕只能说是以纸来表现的一门艺术，它可以搭配其他材质、技法、媒材，可以表现在任何形体或非形体上，诸如声音、影像、气味……"

采访快结束时，陈一中透露了目前纸雕艺术在台湾的困境。在台湾层出不穷的各种创意设计比赛中，工艺、视觉设计、立体造型等类别应有尽有，纸雕却并未单列，往往被分为"其他类"中。因此，成立协会、培训师资才是解决问题的基本之道。当然，经费问题仍然是推行纸雕艺术的最大阻碍，这也是台湾大多数手工艺社团、协会共同面临的困难。

旅游攻略

交通路线	1号高速公路→仁德交流道→经中山路往台南市区方向→东门路二段→右转长荣路中段→右转开元路→再右转南园街即可到达。
景点推荐	关仔岭温泉位于台南县白河镇，是白河大地震后形成的。泉源发自枕头山、虎头山、鹫凤山环抱的碳水溪左侧，属于泥质岩层，含沙量少。关仔岭温泉的水质非常特殊，因水中富含来自地下岩层的泥质与矿物质，呈现灰黑色，有"黑色温泉"或"泥巴温泉"之称。
美食推荐	金得春卷是当地有名的小吃，春卷皮采用中筋面粉制作，泛着天然的麦白色。馅料也很多，高丽菜、豆干条、皇帝豆、蒜苗、五花肉、香菜、虾仁、细蛋皮、香菜种种，所以见到店家在档口一字排开的十几盘馅料，口水都快要滴下来了。

位置图 LOCATION

卢志松说，“独石一壶”是上帝赐给他的恩典。上帝所创的每一块石头都有它各自的特色，他利用这种独特做出只属于它的“唯一之壶”，没有相同的第二件。

知壶惜福工坊

地　　址：高雄县鸟松乡仁美村仁德路107巷2弄7号
电　　话：07-7024920
开放时间：电话预约

独石一壶

text | 文丽君　photo | 卢志松

探访卢志松的工作室，得特别细心才能找到。隐身在高雄市鸟松区一僻静小巷内的“知壶惜福工坊”，并没有显著的招牌，但门前、院子里堆叠的各式石头，仍低调地发挥着路标的作用。卢志松坐在茶桌前，缓缓将石壶里热腾腾的茶倒进那只独一无二的茶杯里，他笑着说，他喜欢用自己做出来的茶具泡茶。

用石壶记录生活

卢志松出生在澎湖小渔村，十个月大时即罹患小儿麻痺，失去行走能力。当同龄小朋友相约出去玩耍时，他只能在自己的小小天地里，学着用书法、绘画勾勒出世界的轮廓，也因此培养出敏锐的观察力。中学毕业后，为了减轻家中的经济负担，他只身来到高雄，进入一家贝壳加工厂工作，学习雕刻技艺。后来经朋友介绍，卢志松开始接触石头雕刻。石头是粗糙而平凡的，但经过卢志松的慧眼挑选，再加上鬼斧神工的裁切、雕刻、琢磨、抛光、润饰等过程，竟呈现出一种令人惊艳的风貌。

“那是我第一次觉得自己不是全世界最惨的人。”卢志松在接触到石雕之后，感到犹如一道曙光照进了自己灰暗的人生。几年后，他放弃了日复一日的工厂工作，选择到外面闯荡，学习完整的雕刻技术。在外面的日子远比想象的艰苦，生活拮据，风餐露宿。那段日子他渐渐学会了雕刻压克力、珊瑚、玉石等技艺。

一次偶然的机会，卢志松发现了把玉石雕成壶的独特魅力，石壶朴实无华的外表，精细的纹路，形态各异的造型，充满韵味。他发现，茶器的材质大多以陶瓷为主，玻璃、铜、铁为辅，但这些都是可以大量生产或复制的，唯独矿石雕成的壶是“独石一壶”。每种矿石都有不同的磁场，除了可净水，将水分子排列得有益人体之外，更是闲暇之时把玩的好玩物。“这种石壶仿佛让我看到自己生命的另一个象征。”从那之后，他便全心沉浸在石壶雕刻的世界中，一干便是几十年。

妙手生花，雕刻人生

卢志松雕刻的石壶造型各异，有的壶身如被树叶包裹，手柄如被树藤缠绕，还有的以动物为原型……各种自然元素完美地融入其中，让工艺与艺术之美达到最大程度的契合。生活中的种种体验也成为卢志松创作灵感的来源。《枯干朽竹》石壶寄托了他和父亲在渔村长大的回忆；放在炉灶里烧的《银合欢树榴》石壶是母亲生火取暖的最爱；“石磨”、“古井”系列则表现的是儿时他和哥哥弟弟玩耍的趣事。“我用石壶记录着生命里每一天发生的事，它们承载着我生命里的每一个片段。”卢志松把生活中获得的灵感毫不吝啬地放入到石壶创作中，把生命中流动的思想与生活中起伏的心情，寄情于石雕创作。雕刻石壶是一门技艺，更成为卢志松诠释生命力的一种特殊表达方式。

一把石壶的完成时间，根据材料硬度、创作主题、大小、工法的不同，多则三四个月，快则两三天。卢志松雕刻作品的过程，第一步要先构思，然后选石材，将其锯切成一块块，再磨出粗坯形状，把不要的石材掏空，最后刻上图案。“我收集有各式各样的石材，当我对某一颗石头有灵感想刻它时，会用热水和冰水反复浇在石头上，测试它的冷热膨胀系数，看它能否禁得起茶水的温度。”卢志松对石材的选取甚为严格。

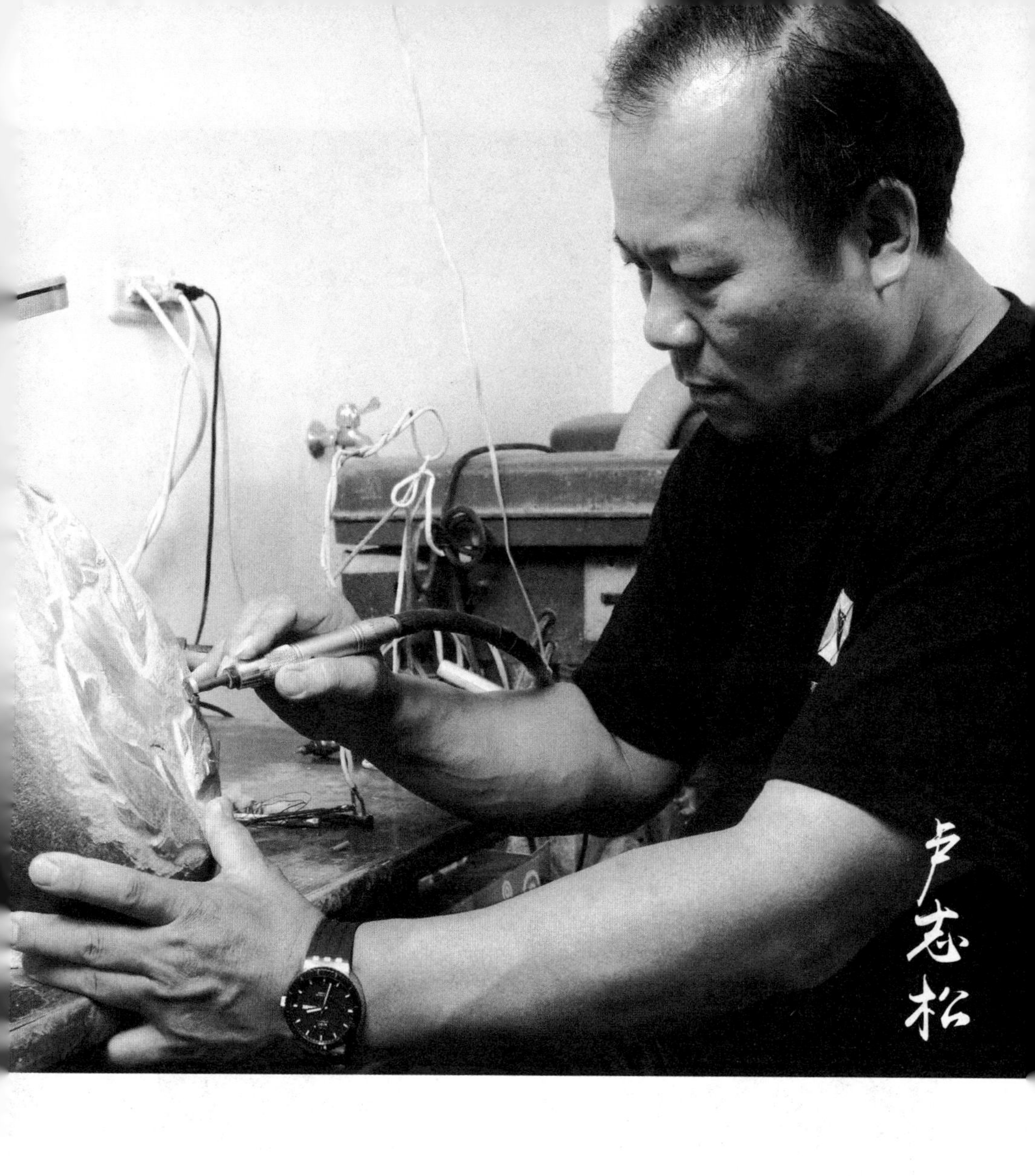
卢志松

每条河流中都有从高山冲下的各类矿石，为了选取优质石材，他用闲散时间寻遍台湾全省。在风光旖旎山间，在山河交汇的源头，收集着这些上天赐予人类的宝贝。像高雄的老浓溪、屏东与高雄交接的隘寮溪和保力溪……里面的天然石材都是雕刻石壶的上选之材。四处买石头、找石头，成了卢志松的休闲活动，他如同一个寻宝者，体验着寻觅宝藏的乐趣。

相较雕刻本就光彩照人的彩石，卢志松更偏爱雕刻那些原本不出色或者有残缺的石头。“雕刻彩石那是锦上添花，雕刻残缺的石头，更像是在重新塑造我的生命历程。即便有残缺，只要努力，经过精雕细琢，一样能变得丰富而美丽，绽放出自己独特的光彩。”卢志松凭着多年的努力与坚持，让更多人领略到了这门工艺的独特魅力。

掌中壶器，掌中福气

都说艺术创作需要个性合宜的空间，很多艺术家也偏爱在夜深人静或浪漫、或诡异的气氛中创作，但卢志松更爱充满阳光、绿树繁花的氛围。他的工作坊空地上有几棵小树，取材切凿时，他就在树荫下工作，精雕细琢时，他就在养满小鱼儿的工坊里静作。

因为自身残疾，卢志松没法创作大型作品，只能以反向操作来挑战自我。在32岁到36岁之间，他开始尝试微雕，那仿佛是上帝给他开的又一扇窗，他成功做出了“掌中百壶”的系列。

如何保证微雕的精致，如何在手掌大的面积中放下一百个石壶，有可能实现吗？带着这一系列的问题，卢志松开始了困难重重的微雕创作。他费劲心思地钻研，买回钨钢钻针来磨，用最细的钻石砂轮把钨钢针磨得像发丝一样细。这样，他终于有磨出直径不超过1厘米的小茶壶的工具了，可是手指头却因为钢针的磨损而皮开肉绽，得等到手指头的肉皮长好才能继续刻。“成就了百个精品，手指也就长出了厚厚的茧，这也算成为我身体的烙印。”卢志松面对微雕中遇到的困难显得很坦然。他花了四年多时间，终于完成了

“掌中百壶”系列。每个壶平均只有一粒黄豆般大，小的必须用钳子来夹，而其中壶盖、壶嘴都能正常使用，令人叹为观止。

如今的卢志松已在台湾举办过多场展览，并获得多项工艺界的殊荣。从最早的贝壳加工员，到现在的石壶雕刻大师，他从未放弃过自己的梦想，并坚持走到了今天。“我喜欢将不起眼的石头化腐朽为神奇，就如同我的人生一般。虽然先天不足，但只要不灰心，付出比正常人多十倍的努力，一样能取得成功，现在回头再看看，那一切都是值得的。”

现在，年近五十的他对生命充满热情，在记忆河流的那一端，童年的悲伤，少年的青涩，都慢慢地过去了。他一步一步、一笔一刀，雕刻出属于他自己的生命石雕。“我不追求享受美食、名牌。只要静静地待在自己的创作世界里，那就是人生最大的幸福。”这便是卢志松最大的愿望。

旅游攻略

交通路线	1号高速公路→九如交流道→澄清路→建国路→经武路左转→大埤路→仁德路→知壶惜福工坊。
景点推荐	莲池潭位于高雄市半屏山之南，龟山之北，是高雄市左营区区内最大的湖泊，潭面面积约42公顷，源于高屏溪。1686年凤山知县杨芳声建文庙时，以莲池潭为泮池，在池中栽植莲花点缀。每值炎夏，荷花盛开，清香四溢，乃有“莲池潭”之名，而“泮水荷香”被列为凤山八景之一。
当地美食	位于高雄后火车站旁的驿站食堂是一间让时光回流的复古热炒餐厅。古早味的装潢和布置，昏黄的灯光，各种具有年代感的收藏古物和装饰品，恍如走进时光回廊。姜丝大肠、葱爆牛肉、客家小炒等客家菜，美味量足又平价，每到饭点绝对是高朋满座。

位置图 *LOCATION*

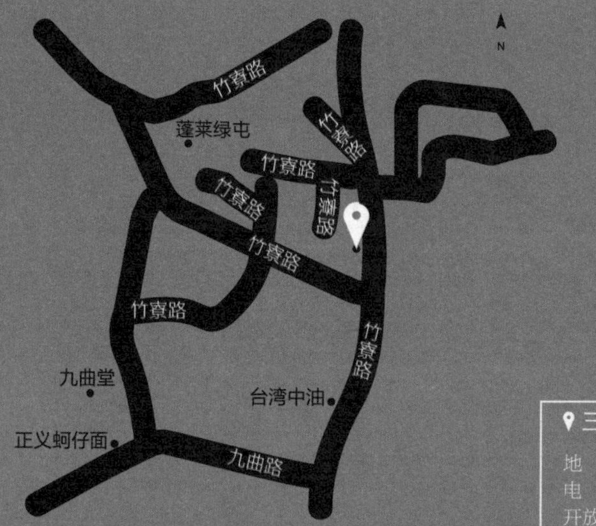

袅袅升起的烟代表着砖瓦一直在生产，传统文化一直在传承。

三和瓦窑

地　　址：高雄市大树区竹寮路 94 号
电　　话：07-6512037
开放时间：周一至周日，09：00-17：00

三和窑　烟袅袅

text | 文丽君　photo | 三和瓦窑

在高雄市高屏旧铁桥旁，沿台21线往北走，有三座龟状的砖窑伏在马路边，这就是南台湾唯一仍在运作中的传统瓦窑工厂——三和瓦窑。

砖瓦建材式微，传统瓦窑走入历史，但创业百年的三和瓦窑却成功转向文创产业，开发设计各种砖瓦工艺品，并结合休闲业发展观光工厂。

记忆里的红砖古厝

在台湾，民间传统古朴的三合院、典雅的红瓦厝等建筑，建材大多以砖瓦为主要材料，而砖瓦主要出自工匠手工操作的瓦窑。

紧邻高屏溪的大树乡，汲水取土方便，溪水冲刷出的黏土质地细腻、湿度黏度适中，烧出的砖瓦不过水，瓦窑业曾兴盛一时，成为全台湾最主要的瓦窑集中地。但随着传统建筑的消失，民宅对红瓦片的需求减少，曾有上百座瓦窑的大树乡，也挡不住时代的变迁，如今只剩三和瓦窑，继续在默默地烧制红瓦片，接一些古迹修复的订单。

三和瓦厂前身是源顺安炼瓦工厂，于1918年登记始业，后由李俊宏的曾祖父李意买下，成为李氏家族的产业。1975年，李俊宏的伯公李玉柱将其改名为“三和瓦厂”，主要以传统工法制作红瓦、黑瓦、清水砖等几十种台湾传统砖瓦建材。

“窑烧太难做，做不下去了。”李俊宏小时候，总听见阿公这样边做边说。但阿公说了几十年，还是舍不得将瓦窑关闭。

作为三和瓦窑第四代接班人，李俊宏从小就玩泥巴，长大后也跟着家族长辈在瓦厂进进出出，协助瓦厂做一些进料、出货的事务。“传统瓦厂要维持运作生产是很辛苦的。那时由伯公与家母掌理瓦厂的运作，由于伯公、母亲年事渐高，我不忍长辈为诸事操劳，家族产业也前途不定，所以，才决定离开银行界，接手家族的砖瓦产业。”李俊宏说，他一直记得伯公的叮咛：“只要窑厂炉火不断，就好像是对阿爸的一种思念。”

然而，每年生产的砖瓦，仅供传统建材与古迹、古厝的修缮使用，市场并不大。传统瓦窑业与美丽的砖雕工艺难道就要从此消失，一家百年企业难道就要这样沉寂下去？李俊宏无比焦虑。

如何让砖雕和现代生活相结合？如何运用设计，制作出能吸引上班族、学生的目光，可供家庭使用的商品？在李俊宏看来，也许正是三和瓦窑创新突破的方向所在。

从社区出发

在承接瓦厂后，由于一些契机，李俊宏开始与一些对工艺创作感兴趣的人互动交流，这些人中有学生，也有当地社区人士。这样的互动，逐渐凝聚起一群有志投入砖雕推广的同好，进而发展成为三和瓦窑的文创团队，也促成了村里组织起文化社团——“高雄市大树瓦窑文化协会”。

“传统产业要想实现文创方面的转型，有很多困难，最基本的就是人才的组织与培养。我们没有太多资本，最初只能靠时间与机缘，看是否有彼此认同且愿意加入的人，所以我们发展的脚步并不快。”意识到转型过程中人才是重要的推手，李俊宏后来提出了“窑艺生姿，再现砖瓦风采计划”，向高屏澎东区就业服务中心申请“多元就业开发方案”补助，有计划地进行社区人才培训。

李俊宏

製作區

这些经由“多元就业开发方案”培训出来的人才，可以从事砖瓦文化解说、DIY与体验教学、砖瓦工艺品销售、砖瓦建筑与空间营造和社区资源整合等工作，不仅为地方创造了就业机会，也让社区民众习得一技之长。

该计划的人才培训对象分为两种，一种是社区里的妈妈们，适合从事工艺品制作，其培训过程从半年至一年不等，既能打发时间，培养兴趣，更能帮忙家计；另一种是设计系出身的学生、年轻师傅及对传统工艺有兴趣者。文创需要依靠有设计专业背景的人才，才能让这项传统工艺不断有创新元素。

情
藝

三和瓦窑以凝聚窑、人以及社区的力量，秉持维护文化的理想。它除了是李俊宏与家族传承的精神象征，也是延续三和瓦窑命脉的三个关键主体的象征——具有深远历史记忆的“窑”，持有传承文化信念的“人”，以及作为呈现砖瓦文化记忆的“社区”。

在“多元就业开发方案”的资源挹注下，李俊宏开始思索三和瓦窑的转型。恰巧邻近有座旧铁桥湿地公园，结合政府的观光路线，李俊宏决定朝“休闲、产业、文化、教育”等方向多元发展。

砖不只是砖

李俊宏曾经在台湾的一个节目里说，自己最大的愿望是“希望三和的烟，一直袅袅升起”。袅袅升起的烟代表着砖瓦一直在生产，传统文化一直在传承。

在文化推广的过程中，李俊宏发现，当消费者接触到那些拥有传统图案的砖雕，认识到梅表示“花开富贵”、钱表示“财富”、龟表示“长寿”、柳条表示“人和”时，内心会产生一种与传统文化相呼应的感动。但是这些代表文化意象的“图腾”，如果不能摆进现代家庭，就无法开拓出足以支撑砖瓦业永续经营的市场。

李俊宏找来设计师，开发新式文化商品。传统筷子笼、壁饰、艺术盘、灯罩……各种各样充满浓浓古意的产品被“红砖迷”带回了家。“我们的产品以双喜系列最多样，有杯垫、名片架、锅垫、烛台等品种，主要创意是从砖瓦的砖红色泽，与中华民族传统喜气的氛围相结合，这些商品还很受大众的认同。”李俊宏说，砖雕文创商品所秉持的想法其实很简单，只是想让硬邦邦的砖瓦，也可以走进现代人的生活。

在开发产品的同时，三和瓦窑成立了“砖卖店”。红砖铺成小桥，屋外挂上红灯笼，屋内陈设充满浓浓的旧时气氛。此外，李俊宏还将旧工寮改造成DIY体验区，让参观者可以亲自动手制作。

在李俊宏看来，三和瓦窑的开放参观并非以观光为主要目的，而是希望让民众通过参访和手工制作，更加了解砖瓦文化，找到一份“砖”情回忆。

除了一系列的家居文创产品，三和瓦窑还推出了故事砖。一块砖写着一个故事，阿祖与你的祖孙情，阿爸青春的风流记，大瓦厝下，永远有说不完的故事……三和瓦窑创意总监林世富藉由对红砖的热爱，希望透过不同的表现手法，让不管是生长在哪个年代的长辈或是时下的潮男潮女，都能对砖头有新的感受和思维。而这些故事砖不断地展览于台湾的各个美术馆，成为都市人了解砖瓦文化的又一座桥梁。

“三和推动休闲、产业、文化、教育已经好几年了。从一个名片架发展到如今超过百种的文化商品，这些努力相信大家都看得到，但是时代一直在转变，我们还是一直在扛。如果没有人要翻修古厝，没有人要盖红瓦厝，没有人想要脏兮兮地玩泥土，我们的目标‘休闲、产业、文化、教育’就很难去实现。我们把砖变得不只是砖，创造经济价值的同时还投入了内心的情感。虽然我们是生意人，但我们是付出真感情的生意人。百年历史的龟窑，要创造出‘千度’的生命价值，必须要用数以万计的日子来努力，希望这些付出可以为三和带来更多的掌声！”这是三和博客上的自勉，令人忍不住为其鼓掌。

旅游攻略

交通路线	1号高速公路→10号高速公路→旗山镇→旗尾桥→大德里→大同街→三和瓦窑。
景点推荐	西子湾风景区位于高雄市西侧，距市中心约20分钟车程，毗邻高雄港。南与旗津半岛隔海相望，北倚万寿山，以拥有碧海金沙的海水浴场、绚美的夕阳海景以及天然礁石而闻名。西子夕照是高雄八大胜景之一，黄昏时分无数游客在此欣赏辽阔海天间瑰丽的落日时刻，浪漫无比。
美食推荐	位于凤山区光远路231附1号的筒仔米糕开业已有五十多年，是很多当地人回忆中的美味。筒仔米糕，料给得很足，卤蛋，咸蛋黄还有一片薄肉。完全不淋各式酱料，直接吃就很有味道，层次丰富，油香扑鼻，深受顾客喜爱。

位置图 *LOCATION*

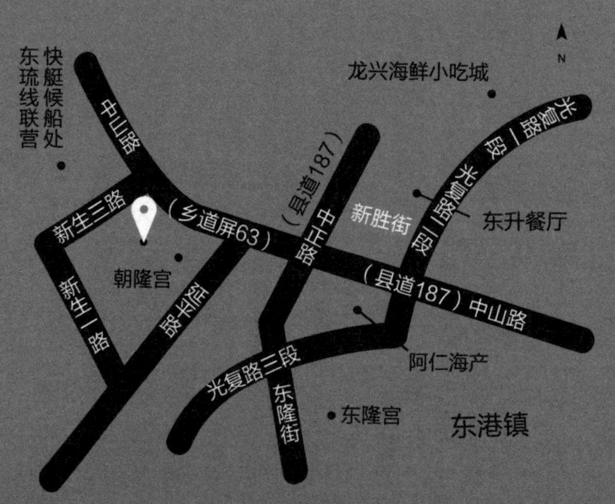

维京战船、瓦萨战船、郑和宝船、隋炀帝的龙舟画舫等古船，在台湾造船大师洪全瑞的手中，全部获得了重生。

舟大工洪全瑞工作室

地　　址：屏东县东港镇新生3路103号
电　　话：08-8324667
开放时间：电话预约

等待千年的远航

text | 谢凯 photo | 洪全瑞

“你两个哥哥都是建庙宇的木工，你就学造船好了。”13岁那年，同样是木工的父亲对小学刚毕业的洪全瑞说的一句话，让他就此与造船结缘。五十多年后的今天，洪全瑞不仅依然行走在造船的道路上，还成为东港乃至台湾最有名的木船制作大师。

绝代“船奇”

迎王祭典是东港享有盛名的民俗活动，每三年举办一次，每到此时都需要制造王船。早期王船都为纸制品，后来洪全瑞将其改为木造，其造型和结构完全是缩小版的渔船，船身彩绘，船上的人偶、器具等物件，无不是经过他慢工精雕而成。洪全瑞还制作竞赛用的龙舟，其船身结构颇为讲究，精致的龙头栩栩如生。他按20：1的比例纯手工制作的木龙舟模型，还是木作收藏家争相收入囊中的“香饽饽”。

然而，真正让洪全瑞戴上“木船制作大师”桂冠的，还是他制作的古船模型。一次偶然的机会，洪全瑞看到一本介绍古船的书，当即被古船优雅流畅的造型所吸引，一门心思地迷上了制作古船。

在台湾，洪全瑞的造船技艺早已首屈一指，且是少数可以绘制渔船设计图的木工师傅。他仅凭书上的一张图片，很快就制作出一艘罗马古战船的模型，不仅外观看起来完全一致，并且每块木头的衔接都考虑到了弧度和纹路，以符合它原本的功能。这艘两千年前的古战船，就这样在洪全瑞手中获得了重生。

每制作一艘古船，洪全瑞都要投入一到两年的时间。他制作的古船模型与一般的雕刻船不同，全是真船按比例缩小后组装而成，结构和组件一应俱全。例如，他制作的隋炀帝的龙舟画舫模型，长约2米，宽约0.3米，高约0.5米，船身造型为龙，第一层为划桨手室，两边各有14支桨，第二层为皇帝的娱乐厅，第三层观景台，作品之豪华将隋炀帝的奢靡生活展现无遗。尤其是船身，线条顺畅柔美，每条外板都大小平均，从前方的0.5厘米宽渐增至中间的1厘米宽，再从中间到尾部渐缩至0.3厘米宽，外板之间的粘接处严丝合缝，做工之精细，令人叹为观止。洪全瑞说，制作古船模型最难的是外型，每一块外板他都要先热蒸软化，然后再以骨架固定，让外板弯曲形成恰当的弧度。

重现郑和宝舰风华

洪全瑞表示，在他的观念里，六百多年前七下西洋的郑和才是世界上最伟大的航海家，他率领两百多艘船的船队完成了人类征服大海的创举，比哥伦布横渡大西洋还早了半个多世纪。郑和所指挥的战舰（又称郑和宝船），据文献记载，长度达125米，宽达52米，是一艘九桅十三帆的超级战舰，堪称是世界上第一艘“航空母舰”，能够驾驭如此巨大的木造帆船在海上航行，实在令人神往。

可惜的是，明代中期以后，中国的航海及造船技术并未获得进一步的发展，以至于后来被“船坚炮利”的英、法等欧洲船舰超越。为重现郑和宝船的风华，洪全瑞将史料上所记载的图鉴数据，结合现代的造船技术，以60:1的比例，打造出全世界独一无二的九桅战舰。

洪全瑞表示，古今中外常见的帆船多为单桅，吨位再大的帆船顶多也是三桅，而郑和宝船能设计成九桅，可见当时造船工艺与航海技术已经相当成熟。为比较中外古代帆船的差异，他特意远赴欧洲，参观当地的博物馆和图书馆，陆续取得西方古式战船的相关数

洪金瑞

据。回国之后，他花了数年的时间，建造出长约1米的罗马战船及挪威海盗船等模型。

西方帆船线条优美，相当注重船身的雕饰，帆多且复杂，往往一桅多帆，操控不易；中国帆船则是造型简单洗练，风帆一桅一张，干净利落，操控方便，两者各有特色。洪全瑞希望未来在台湾能成立一座古帆船博物馆，集合世界各国的经典作品，汲取中外造船技术的优点，将台湾的造船工艺发扬光大。

弘扬海洋文化

洪全瑞的才华还不止于此，因从小跟着父亲从事庙宇建筑工作，对寺庙内复杂的雕梁画栋及内部设计多所涉猎。长大后的洪全瑞，对传统寺庙设计产生了不同的见解，他认为大小庙宇何其多，建筑设计不能一成不变，应力求创新，凸显地方特色，才能获得当地百姓的认同。

洪全瑞于是决心打造一座有别于传统型式的庙宇建筑，将东港渔村的文化融入其中，结合海洋文化与造船工艺的镇海宫由此诞生。这座庙宇充满艺术气息，不论是波浪形的神龛，还是独具巧思的藻井，都深具地方色彩，吸引了许多慕名而来的参访游客一睹镇海宫的风采，成为观光景点。

这座在宗教界颇负盛名的镇海宫，庙外巨大的狮型金炉，便给人视觉上的震撼。它不同于一般寺庙的宝塔式金炉，而是一座虎虎生风，以青斗石为材质的狮形炉，高大雄伟，别具创意。殿内金壁辉煌的雕梁画栋，更是让人惊叹，尤其是该庙的“藻井”，有别于普通寺庙的天花板，以栩栩如生的《水浒》人物及海洋生物雕塑品，取代了刻龙雕凤的传统设计，令人眼前一亮。

此外，庙内波浪造型的神龛雕饰也是国内仅见，它不但展现出东港渔村数十年来的海洋文化，更结合了当地传承百年的造船艺术精华，将船舱设计运用到宫殿装潢上，突破了传统窠臼。这份建庙的独运匠心，让镇海宫不仅成为地方讨海人的信仰殿堂，更是一座神圣的宗教艺术品。

旅游攻略

交通路线	3 号高速公路→林边交流道→右转往东港方向→台 17 线→东港→中山路往进德大桥方向→新生三路右转 100 米即到。
景点推荐	走一趟东港渔业文化展示馆，可深入了解黑鲔鱼、樱花虾、旗鱼等渔获捞捕的详细过程，馆内还设有黑鲔鱼拉钓区，让游客亲自体会如何拉动近百公斤的黑鲔鱼模型。此外，像 3 年一次的烧王船、东港老街建筑等历史纪录，均完整收纳馆内，宛如一座东港文化的小小缩影。
美食推荐	小蒙牛顶级麻辣养生锅采用大漠风味养生汤头加上顶级牛肉，征服了老饕们的味蕾。香醇汤头的秘密乃精炖八小时高汤，加入红枣、枸杞、桂圆等天然草本植物熬煮而成，白汤香醇浓郁，红汤麻辣却不刺激脾胃。

位置图 *LOCATION*

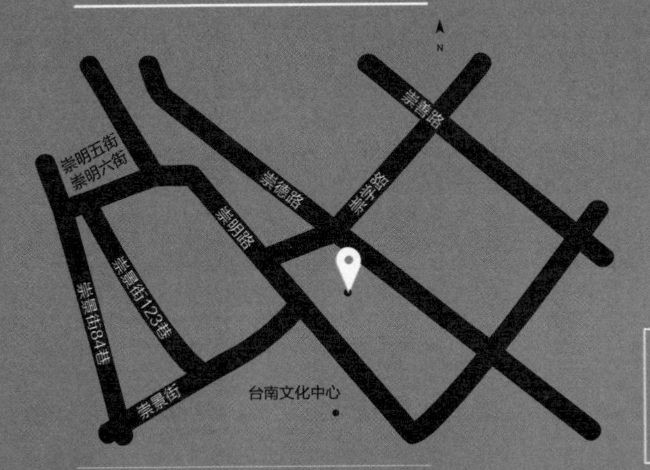

TSJ藝術修復工事

地　　址：台南市东区荣誉街 262 号
电　　话：06-2680618
开放时间：电话预约

与文物重修旧好

text | 文丽君 photo | 李幸龙

翻看蔡舜任的履历，有一条很醒目：第一位进入意大利乌菲兹美术馆修复乔托画作的华人修复师。一个来自东方的中国人，竟然能够进入欧洲最高的艺术殿堂，修复文艺复兴先驱者的画作，不由得让人心生敬佩。

西装革履，阳光自信，只要蔡舜任出现在公众面前，其举止言谈总让人把他和职场精英联系在一起。对此，蔡舜任有着自己的看法："文物修复师是一个非常专业的职业，只有专业的修复才能让文物走更长的路。"

最好的修复

《百寿图》是台南佳里黄氏崇荣堂墙上的一幅湿壁画，由台湾已故彩绘大师陈玉峰于1953年创作而成。经过六十多年的时间洗礼，它原本已经画面斑驳，但蔡舜任的精心修复后，这幅画再次"容光焕发"，连人物的双眼皮和缺牙都清晰可见。

其实在台湾，对湿壁画的修复一直都在进行。整个修复工序中最重要的一环就是迁移湿壁画，传统的做法都是先用电钻打孔，把整个画面切割成"九宫格"后取下来，然后再组合到新的壁面上。切割导致的剧烈震动难免对画面造成破坏，不仅难以保全画作，也为后期修复增加了难度。不过，这一次在修复黄氏崇荣堂的湿壁画时，蔡舜任却率先采用了源于国外壁画修复经验的"揭取法"，用特制的胶粘剂和布料，把整幅壁画从墙上直接“撕”下来，开创了台湾修复史上以非破坏性的方法修复湿壁画的先河。

蔡舜任笑说这看起来就像把女生敷的面膜撕下来一般简单，但做起来才知道其中的麻烦，他前后花了两个多月时间才完成。湿壁画是趁墙壁上的湿灰泥未干时画上去的，在墙壁的干燥过程中，颜料会渗入墙体，与细灰泥发生化学反应，形成约1毫米厚的彩绘层。所谓“揭取法”，就是先把涂满胶粘剂的布料覆盖在湿壁画上，待布面与画作表面紧密结合后，再把壁画的彩绘层剥下来。台湾本来气候潮湿，在等待胶粘剂凝固的那段时间，不巧又遭遇台风侵袭，雨水不断，导致胶粘剂无法彻底凝固。蔡舜任只好耐心等待了一个多月，才安全揭取下来。蔡舜任不禁感叹说：“如果是采用传统的切割方法，半天时间就可以全部取下来，根本不用这样费时费力。不过，想到这样做可以让大家认识到揭取湿壁画的新方法，还是很值得的。”

接下来，蔡舜任还要刮除湿壁画背后残余的粗灰泥颗粒及其他污垢杂质，并对破损处进行填补。等完全干燥之后，再将它移植到新载体上，以高温软化凝固的胶黏剂，然后揭除掉布料，最后才开始修复画面。

虽然绕了一个大圈子，可这样的操作却能够最大程度地保持文物的原貌。文物修复师好比外科医生，好的外科医生会让病人在体力消耗最小、失血量最少的情况下完成手术，同样，一位好的修复师也要让艺术品在保留更多原貌的前提下完成修复，“换句话说，最少的修复才是最好的修复。”

精心修复，传承技艺

从2011年开始，蔡舜任花了两年半的时间修复了彩绘大师潘丽水绘制的四扇门神。为了保持这些门神的原貌，他付出了很大的努力。一扇门，光是清洁就要做三四个月。每天6个小时，工作就是不停地刮。在清洁表面时，要用非常细致的吸附方式，慢慢把它的表

蔡舜任

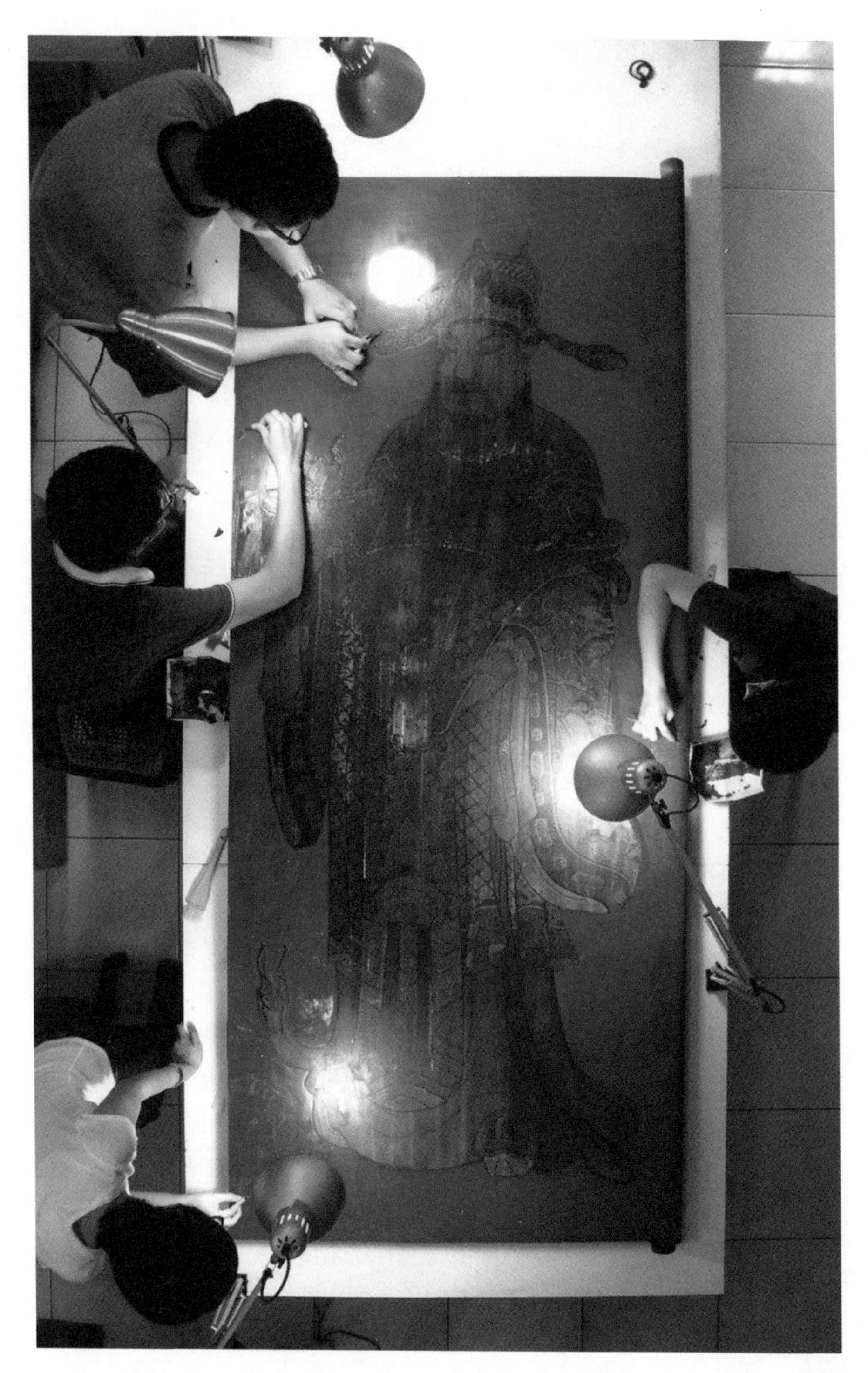

层脏污，以及老旧的保护层给去掉。对于更难保存下来的金箔线上的墨线，在蔡舜任的巧手之下，95%以上都能得到保留。然而，他的修复目标绝不仅仅是把画作清理干净，更重要的是在清理修复的过程中，让画作呈现出最协调的整体性观感。蔡舜任认为，没有最完美的修复，只有最适合的修复。此外，在修复过程中，蔡舜任有着自己的理念：修复者不能有自己的创作欲望，他必须隐藏在画家的原作之下，不可带着自己的主观想法进行修复。若是在创作欲望的驱使下修复画作，很有可能将一幅画修改得面目皆非。

为了让这门技艺得到很好的传承，蔡舜任开始培养新生代助手。他将自己的宝贵经验无私地传授给学生，希望通过专业的训练，学生在5年后就能够独立完成一件作品的修复工作。不只是在台湾修复门神，还要到西方修复更多的文物瑰宝。

即使有十多年的修复经历，蔡舜任依旧保持初心，每年都回意大利找自己的师傅，继续学习修复技术。

分享比秘诀更重要

然而，成为一名修复师，并不在蔡舜任最初的人生规划里。蔡舜任大学时就读美术系，毕业时发现自己以前的油画作品都发霉了，于是产生了修复油画的念头。然而，十年前的台湾，关于油画修复技艺的资源可以说为零。在他的大学老师、著名艺术家蒋勋的鼓励下，蔡舜任只身前往遍地都是修复工坊的意大利佛罗伦萨，学习油画的修复技艺。

之后的近十年时间，蔡舜任经过刻苦努力终于在国外修复界崭露头角，除了意大利，他还先后到美国、荷兰从事油画修复工作，收入颇丰。之所以放弃高薪回到台湾，是因为有一次他回台湾探亲，看到台湾的文物被粗暴地对待，特别是不专业的修复工作，简直让文物修一件毁一件。为了追求效率，在修复庙宇梁柱时舍弃了传统的卡榫，以钉枪、胶黏剂代替；屋顶坏了不重烧瓦片，而直接铺上铁皮……如此一来，失去的不仅是有形的古迹，更是无形的文化资产。每当回想起当初的所见，蔡舜任都会愤愤不平。

出于让台湾的文物得到专业修复的初衷，蔡舜任在台南成立了TSJ修复团队。他不仅精心修复台湾的文物，还将多年的修复经验总结成册，报送到“建筑室内彩绘修复研讨会（APR）”，获邀前往瑞典，向齐聚一堂的西方顶尖修复师介绍门神的修复经验，赢得了诸多赞誉。在国际上获得认同后，蔡舜任又在台湾举办门神修复巡展。每一次展览，蔡舜任都会举办发布会，将修复经验毫无保留地宣传出去，连选用什么刀，如何刮除门神彩绘上老旧的保护层这样的细枝末节都会讲到。

“就目前台湾修复行业的现状来说，我认为分享专业的修复经验比保守秘诀更重要，只有让更多人知道这个事情，大众的修复观念才能慢慢改变。”

逆转时间的工作不简单。蔡舜任用更专业的修复精神，与台湾的古老文物重修旧好，让它们继续在时光中旅行。

旅游攻略

交通路线	台南火车站→市东区→荣誉街→ TSJ 艺术修复工事。
景点推荐	大天后宫建于清康熙二十三年，是郑成功之子郑经为了表示对宁靖王朱由桂的礼遇而建。大天后宫在台湾将近四百座妈祖庙中，具有贵族般的尊贵地位，是台湾第一座官建妈祖庙，也是唯一列入官方春秋祭典的妈祖庙。庙中塑像、雕塑皆出自名匠之手，古匾、古联之珍贵丰富更是全台庙宇少见。
美食推荐	再发号的肉粽别具一格，招牌精制八宝海鲜肉粽重达 14 两，比一般粽子个头大足一倍。馅料丰富到令人惊叹：咸蛋黄、栗子、干贝、扁鱼酥、后腿瘦肉、肉臊、虾米、鲍鱼、花菇、扁豆酥、鱿鱼、樱花虾共嵌在粽子中，真材实料有内涵，滋味层次动人。

张介冠 铸字

陈显逢 微雕

谢嘉亨 陶艺

江荣原 制皂

蔡杨吉 木雕

许朝宗 陶艺

方庆福 石雕

黄安福 玻璃艺术

伍坤山 陶艺

叶发原 皮塑

沈培泽 木雕

王锡坤 制鼓

台北

位置图 *LOCATION*

在这样一个变化快速的时代，台北最后一家铸字行却依然每天点燃铸字机的炉火，坚持手工铸字，为我们留住铅字的体温。

日星铸字行

地　　址：台北市大同区太原路 97 巷 13 号
电　　话：02-25564626
开放时间：周一至周日 09：30-17：00，电话预约

复刻汉字的温度

text | 文丽君 photo | 日星铸字行

台北太原路97巷，似乎与热闹的台北市区有些脱节。巷内多是一些老旧的传统店铺，走过四十多个年头的“日星铸字行”就藏在这里。

这是一个让出版业、文字工作者，以及怀旧人士惊艳不已的角落。在这里，早该走入历史的铸字机炉火不熄，随着机器运转的节奏声，留下属于铅字独特的体温。

“铅与火”让路“光与电”

也许你没听说过铸字行，但活字印刷则是从小就知道的中国四大发明之一。铸字行是活字印刷的第一站，铸字、检字等前置过程都在这里进行。将铅液倒进铸字机里压模成型，小小的铅块顿时成了保存中国文字之美的艺术品。

每日清晨，张介冠做的第一件事就是给铸字机的铅炉生火。一小时后，当铅炉里的温度可以让铅块熔化成铅液时，张介冠就开始铸字。他用机油将机器润滑，再把铜模放到固定夹上，右手开动机器开关，左手操作离合器，控制铅液的流量，不到一分钟，一个铅字就做好了。然后，张介冠打开灯，在灯光下查验铸出来的铅字是不是清晰端正。他仔细地检视每一颗铅字，脸上泛出微笑，像母亲凝视初生的婴儿。

这样的坚持已有四十多年。在手工排版的时代，一颗颗铅字被铸好、检出、排列、上墨、印出……承担着传递知识的重任。

张介冠清楚记得，1969年5月1日，那是日星铸字行创立开业的日子。取名日星，即“日日有财生”之意。父亲张锡龄曾是《台湾民报》的检字工人，原本要开印刷厂，但因印刷机器延误，阴错阳差开起了铸字行。

张介冠刚接触到铸字工作时，正是台湾活版印刷蓬勃发展之期，光台北地区的印刷厂就高达五千多家。而被张介冠戏言是“台北市最小规模”的日星，最鼎盛时拥有5位铸字师，三十多位检字师。“一个熟练的检字师每小时可以检字1200个，一天要用近500公斤的铅。”

然而，随着电脑印刷时代的到来，十年间，传统的活版印刷急速没落，连带波及到生产铅字的铸字行。2001年，台湾最大的铸字行“中南行”歇业；2007年，台北仅存的三家铸字行倒闭了两家，日星的最后一位工人也默默离开。“现代人都用电脑打字，早没人使用传统印刷了，铸字行根本没生意可做。在所有人看来，一直坚守的老板就是个傻瓜。”店里的人这样说着。

然而，走过风光荣景的张介冠并没有被现实吓退，对于仅存的活字印刷技术，他勇敢地承担起传承与保留的历史使命，纵然无利可图。

活版字体复刻计划

而今，当你走进日星，很容易就能体验到张介冠所形容的那种铅字的“触感”。室内一排排以钢铁搭起的铅字架整齐地排列着，楷体、宋体、黑体等不同字体依字典部首顺序存放，从初号至六号，每种字体从数千个到近万个不等，密密麻麻地呈现在你眼前，令人震撼。店中还保存着造于20世纪初的铜制字模12万个，这些珍贵的字模由当年的工匠精雕细刻而成。有这些铜模在，就可以不断熔铸出新的铅字。

只是张介冠也担心，自己退休后，这套全世界最完整的中文繁

张介冠

人

体铅字，有可能连同铸字设备及技术一起成为历史化石。虽然他知道，现在店内的铜模及铅字熔毁，也许还能卖上一两百万元——但他舍不得。

2007年，正当张介冠苦思日星的未来时，他遇到了知音——台湾设计界小有名气的蘑菇设计公司老板张嘉行。张嘉行如此形容他初见铅字时的感动："这么小的一家店，竟然收藏了这么多大小不一、各具特色的中文字形，在略显昏暗的地下室对着灯光细看，姿态各异的铅字，透着细致的光泽，让人不忍离去。"

在张嘉行的建议下，张介冠透过网络发起"活版字体复刻计划"，希望能募集一群义工，尝试着保留这批传统的印刷铅字。

日星的铜模，均已使用数十年之久，有的铜模已有缺损，再制成铅字时会影响印刷的质感。所以张介冠想重新翻铸一套铜模，藉此将字型扫描到电脑里，再经过义工修饰平整，将这些正体字型数位化，提供给社会大众使用。

在花莲开设儿童书店的王得泰得知后，主动请缨开发了一套网络作业平台，供义工修整字型使用。彰化一家电脑模具工厂的老板，被张介冠的诚意打动，将原价60万元的电脑刻字翻模设备以半价卖给日星。行人出版社社长周易正、版画家杨中铭、青木由香、广告设计人刘宜芬与王裕惠等十几名义工，也陆续加入。

虽然有来自世界各地的义工，但这个已进行几年的复刻计划，并不如想象中顺利。大家对文字的美感各有偏好与坚持，透过电脑程式修出来的字体，当然也就"字如其人"般各具个性。偏偏印刷用的铅字字体讲求一致性，否则就会造成阅读负担，因此，复刻计划大多停留在"电脑作业"，尚无法进行铸模。

计划受阻，却未打消张介冠及义工们的热情，目前他们先由调查并储存日星收藏的字体与字形做起，为日星工艺馆建立完整的档案资料铺路。

最终的梦想

建一座保留铅字及活版印刷历史，又兼具实务展示与接案功能的工艺馆，是张介冠最终的梦想。“我知道要达成这个梦想并不容易，但是如果我不做，台湾也不可能会有其他人想做。”他说。

幸而，在众多文艺界人士的力挺及口碑宣传下，日星的转型之路开始一步步落实。

日星不定期举办导览，为来访者介绍这段沧桑却蕴含文化质感的历程。在这里，能让一般民众了解手工排版的方式，同时通过互动及自己动手设计，让大家体会活字版印刷的温度与感觉。一位到日星体验的顾客在自己的博客上留下这样的文字：“铅字印刷最迷人和与众不同的地方，我想应该是字印上纸后留下的凹凸不均的印痕，除了视觉上更有触感，每一个字皆有温度、纹路。这样细腻的情怀是电脑印刷怎样都无法取代的。”

同时，日星也打开另一股怀旧商机，即便是年轻一辈，也会专程走访这家老字号的宝库，为自己及亲友选购具有独特文化重量的铅字。这些铅字可用来印制名片和喜帖，甚至进行平面设计，每个铅字并不贵，只需人民币几元钱。

张介冠解释说，在闽南语中，“铅”与“缘”同音，因此送铅字给友人，就有想与他“结缘”的深意。除了顾客自己和受礼者的名字外，最受欢迎的就是‘爱’字。“日星最缺的就是‘爱’了，三不五时就得铸上一批，其中又以比较不常见的宋体最受青睐。”他笑着说。

尽管十多年来日星都处于亏损状态，但张介冠说：“事在人为，我对这个行业并不悲观。”他认为，这个行业要发展，制作上要有大的突破，才可以重新吸引客人。要和设计人员配合，做设计独特的印刷商品；和出版社合作，将某些刊物的局部或全部采用活字印刷。通常字数越多的出版物采用活字印刷的成本就会越高。但若是一两万字左右的诗集，活字印刷和电子印刷的成本就差不多。“总之，只要还有一家印刷厂需要铸字行，我就会陪着走下去。”

张介冠的名片上印着一行小字：“昔字、惜字、习字”。短短六个字，凝聚了一个六旬老人对汉字艺术的无限热爱。在他看来，活字印刷自毕昇发明以来沿用了千年，有价值，更有意义，只要活字印刷术仍活着，这份工艺就要传承下去。”

旅游攻略

交通路线	搭乘淡水线捷运至中山站→太原路→97巷→日星铸字行。
景点推荐	霞海城隍庙座落于台北市大同区，是台湾三级古迹，距今已有140多年的历史，是大稻埕一带地区人民重要的信仰中心。霞海城隍庙除了主祀城隍爷，另有旁祀城隍夫人、月下老人、八司官等六百多尊各式神像，成为其重要特色之一。
美食推荐	林东芳牛肉面的店面非常不起眼，但门口总是排起长龙。他家在一个路口转过去后约10米处，往往还没转过街角就闻到牛肉汤浓郁的清香。牛肉面的汤底加入中药熬制而成，浓郁却又带有药材的清甜。牛肉炖到酥烂，面条也很筋道，配上特制的辣酱，更是好吃无比。

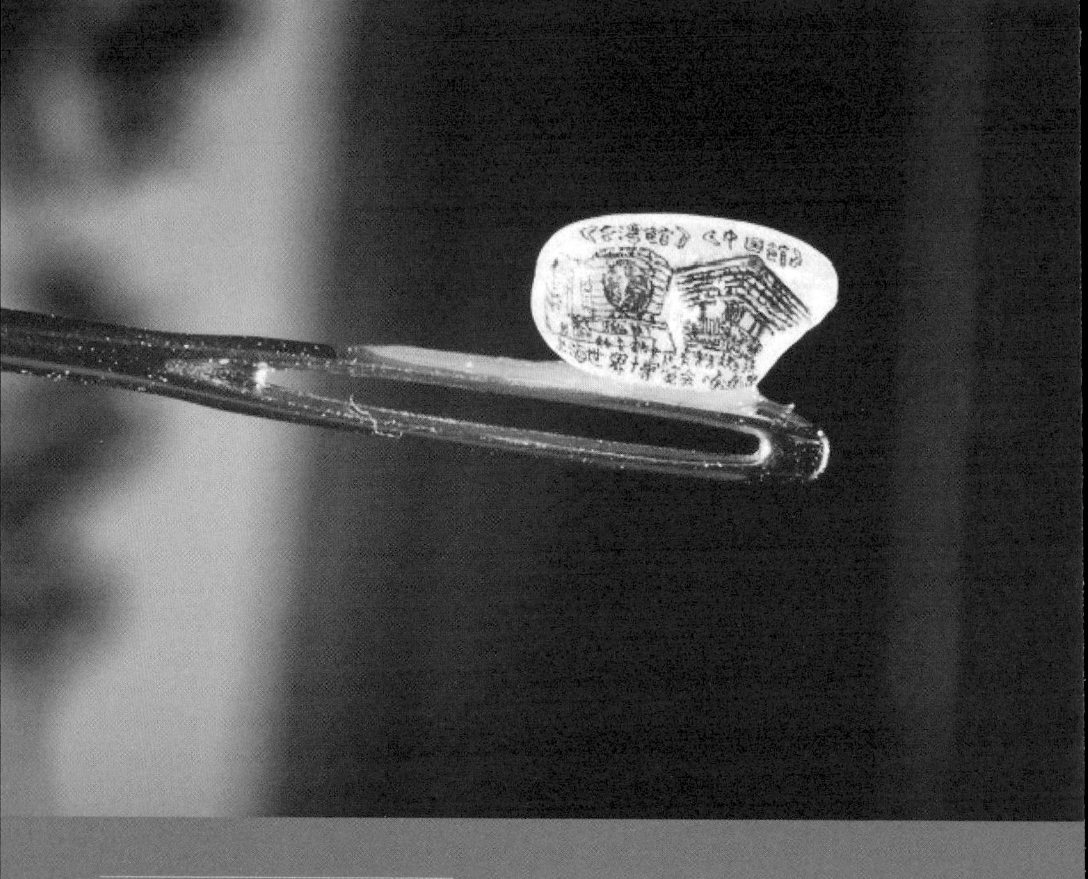

位置图 LOCATION

再大的事，也可小如一粒沙，因秉持这样的信念，陈逢显不断挑战人类极限，把玩艺术于方寸之间。

陈逢显毫芒雕刻馆

地　　址：台北县新店市安康路一段 207 巷 17 号
电　　话：02-22125794、0935-768362
开放时间：周日 10：00-17：00

毫芒上的诗意

text｜文丽君 photo｜陈逢显 侯东涛

在新北市市郊，一条卡车奔驰、烟尘喧嚣的大马路旁，悬挂着一块“陈逢显毫芒雕刻馆”的路标。顺着路标转进巷道，一个农圃环绕、朴实整洁的两层楼房映入眼帘。这里是陈逢显的私人博物馆，是他的工作室，也是他的家。

陈逢显被誉为“台湾微雕第一人”，在微观世界沉浸三十余年，不断挑战与突破，创作了世界最小米雕、世界最小熊猫、世界最小茶壶……他让毫厘之间的艺术响彻世界。

五艺俱全

陈逢显的私人博物馆每周日对外开放。走上二楼，150平方米的空间里陈列着不少精致的书画作品，但最吸引人的还是一个个安放在玻璃罩内，只能通过放大镜观看的微缩艺术品。这些精巧玲珑的艺术品包括微雕、微刻、微书、微画、微塑，陈逢显说，这五大艺统称为“毫芒”艺术。

毫芒，顾名思义，就是以细如毫毛、微如稻芒的雕刻技术，书写文字或雕塑作品。这项技艺在中国自古即有，作品多被王公贵族雅好收藏。通常来讲，一位毫芒艺术家多半专精一种材质，或一项技艺，而陈逢显却是五艺俱全。

谈起与刻刀的结缘，陈逢显开始滔滔不绝。生于1956年的他从小喜欢画画和书法，良好的美术修养让他在服完兵役后找到了一份稳定的工作，在台湾一家印钞厂担任纸钞凹版雕刻师。“现在的钞票是电脑刻印，但以往都是用手工精雕，整天都要用放大镜、特殊的针。”

那一年，他25岁。在按部就班的工作之余，他总想雕一些反映内心美好的事物。一次，他用雕刻钢版的钢针刻出一幅钱币大小的山水画《鸟语花香》，获得同事亲友的一致好评，这让陈逢显大受鼓舞。每天下班后，他便一头钻进自家二楼的工作室。十年的深居简出之后，他完成40件作品，并陆续公开发表，屡创世界之最，引来世界各大知名媒体争相采访，展览单位争相邀展。一次次的热捧并没有让陈逢显沾沾自喜，他很淡然：“习惯了，尽量低调。”

2011年7月，陈逢显公职退休，他的生活变得更为简单，白天要是没安排演讲、上课、外地交流，就在家带孙子或到近处公园走走；晚上8点到凌晨2点，夜深人静时，就是他创作的绝佳时间。

凝神专注

毫芒艺术耗时、伤神、损眼，难度高，在各艺术类别中属于冷门，要耐得住性子，吃得了苦，还要有一颗坚持的心。陈逢显数十年如一日游艺于毫芒艺术，不断挑战“超级小任务”。他有自己独特的体会：“微小领域，无限宽广，永远挖掘不完，生命的智慧尽在其中，每完成一件作品，都是一个惊奇，而且作品完成刹那的满足感，是再多言语也无法形容的。”

虽然头发已显花白，但陈逢显的双目依旧炯炯有神。“创作三十多年来，我的眼睛、身体都还很好，56岁还没有老花眼。”陈逢显笑着说。

问及如何掌控眼睛与肢体达成方寸间的细微艺术，他的答案很简单，就是专注。“平常看起来很小的东西，如果透过放大镜很专注地看，就会看到锐利的笔尖的尺寸变得很大。这时，就可以凭借专注，把意念中的点、线安排得很好。时间长了，就能达到挥洒自如的地步。”

陈逢显

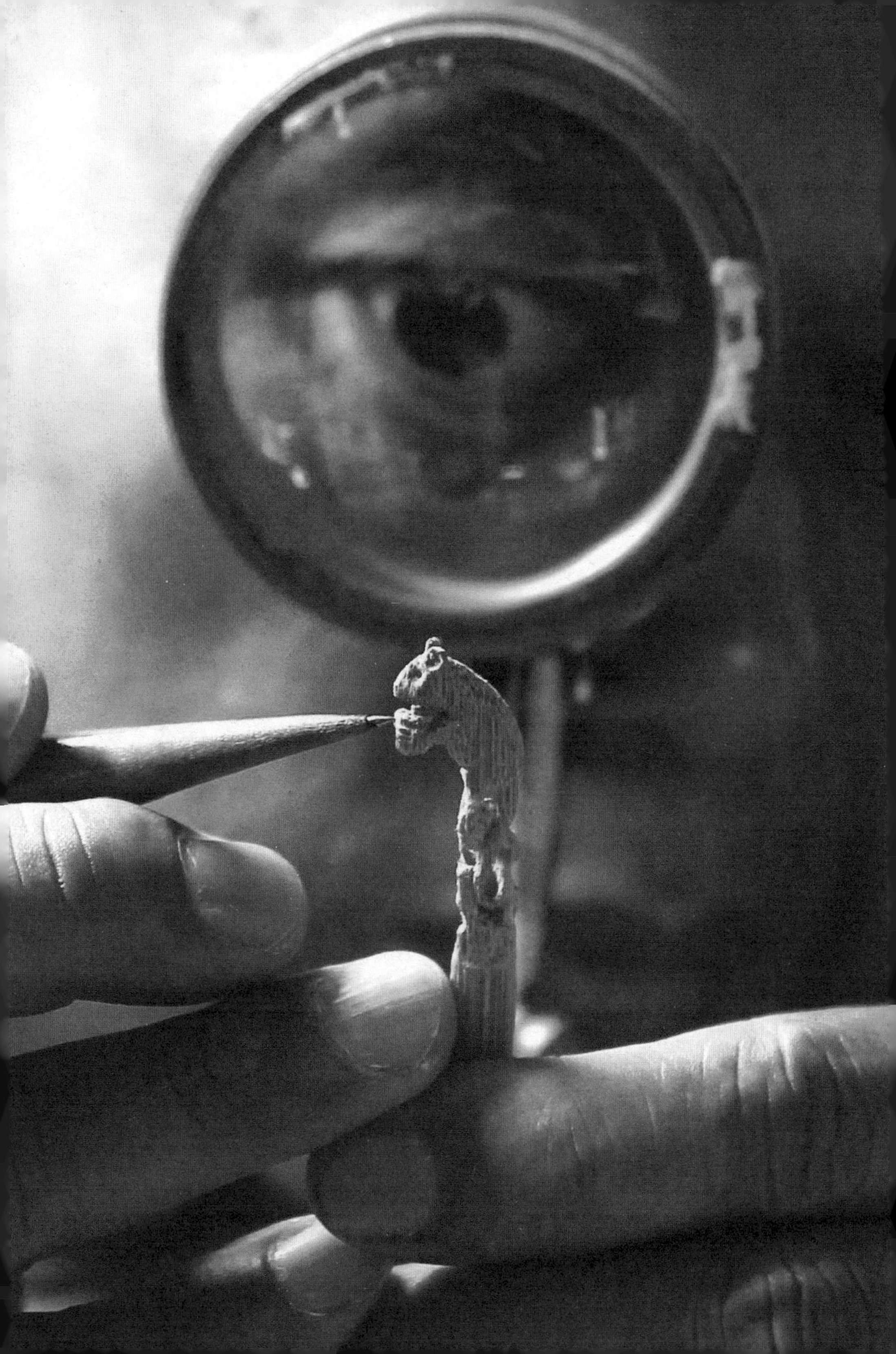

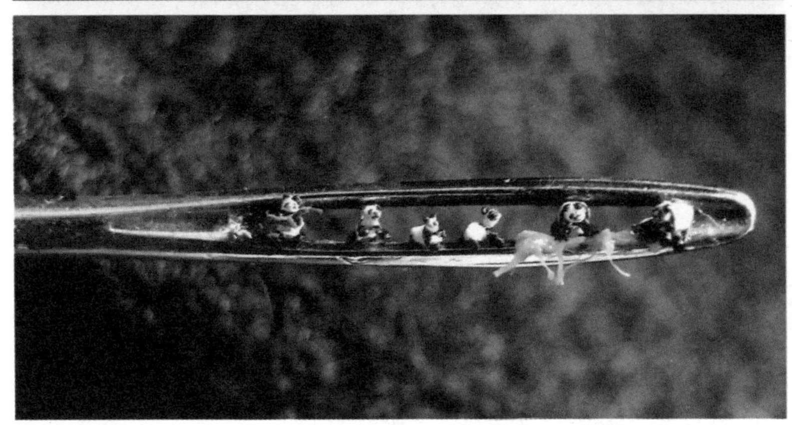

在创作过程中，他每一次下刀、下笔都要先闭气1分钟，全身每块肌肉都必须静止不动，手也不能颤抖，稍不留神，就会出现败笔。陈逢显指着玻璃罩内里那几个比指甲还小的黄金小茶壶说，当时创作这些小茶壶时尤其小心，因为呼吸动作一大，黄金素材就很可能弹跳不见了。

为了降低失误，陈逢显自然而然地学会了屏息、吸气、闭嘴的要诀，调匀呼吸的节奏，增强手部、身体的稳定性，在创作过程中，无形实践了“定、静、安、虑、得”的真义。

在闭气的1分钟里，陈逢显可以书写3个字，他的创作就是在这一吸一闭的吐纳间缓缓完成的。这是长时间苦练达到的成果，而这也和他的养生之道有关。“我年轻时，上班地方离家有五公里，我每天跑步上班，下班再跑回来，这样连续跑了十年。我也喜欢长泳，横越日月潭，下水以后，两个小时再上来。而台湾的百岳我差不多都爬过。”

神工之作

为了突破毫芒艺术使用素材的局限，陈逢显勇于挑战各种材质，从纸、木、竹、棉、石、砖、沙、金属，到平凡无奇的日常用品，如牙签、牙线、牙刷、米粒、火柴棒、蜡烛烛心、食用面条、缝衣线、鸡蛋、瓜子，甚至蚂蚁头、蜻蜓翅膀，皆能在陈逢显的慧心巧思下，被雕琢成一件件独特的毫芒艺术品。

昆虫系列很令人称道，蜻蜓的四片薄翼上写着20首唐诗，蜜蜂的翅膀上写着“我在绝情谷底”，最难处理的是蚂蚁，因为蚂蚁身上有油脂，先要用酒精擦拭了一整天，而且蚂蚁头上有细刺，圆滑易碎，极难下刀。

陈逢显也做蛋雕，不同于别人只是在蛋壳的表面进行雕刻，他以细小的钢针在蛋壳上打点，将蛋壳破出一个椭圆洞，再用自己制作的毫毛笔微书230个小“空”字，共同组成一个大“空”字。陈逢显笑说，为了做这件作品，他总共用了十几斤蛋，那一阵子，全家天天都吃鸡蛋大餐！

2008年底，欣闻大熊猫“团团”、“圆圆”到台湾，陈逢显耗时3个月创作出仅0.7毫米的“团团圆圆”。透过15倍的放大镜，可以清楚地看到针孔里有两只憨态可掬的大熊猫，一边吃着竹子，一边用手拉着一条白色横幅，上面写着“我要去台湾”。陈逢显说，熊猫是用树脂材质雕刻，完成后再放入针孔中去的，它们都是立体的而非平面的。

谈到最满意的作品，陈逢显直言当属“微小书”系列，“它是我把中华文化从古接续薪传，更把传统的生活品精致化、优雅化的呈现，‘微小书’代表我的认真。”他的第一本微小书，是75页的《唐诗三百首》，研究了两年，尝试了各种纸张、油墨、笔、放大镜，才得以成功，长、宽仅0.9厘米，重0.35克，密密麻麻写满1万字。号称世界最小书的《小王子》，有中英文两个版本，内文还绘有插画，画中的小王子戴着红色围巾，坐在巨石上浇花。陈逢显表示，这些微小书都是以高倍放大镜与毛笔及墨水，纯手工制作。“微小书一页一页完成后，要一页一页胶装，若是因胶水过多，多页黏住，就必须重来。”

多年的创作让陈逢显总结了一些经验，微雕作品要感动观众，需要作品很生动，很洒脱，丝丝入扣。同时，还要懂得观察生活，并与当下发生的事结合起来。比如台湾举办花博会期间，他就创作出只有1毫米的兰花微雕作品。“一位成功艺术家的灵感及执行力是相当重要的，其实灵感最重要是留意生活周围的人、事、地、物。多留意，顿悟即是最佳灵感。”

对于未来的方向，陈逢显感慨：“艺术路已走三四十年了，今后会走得慢一点。我会尽一生之力成立一所永恒薪传中华传统文化的‘陈逢显毫芒雕刻馆’。”

旅游攻略

交通路线	3号高速公路新店交流道→新店市→安康路一段→陈逢显毫芒雕刻馆。
景点推荐	燕子湖位在新店市郊区，属新店溪之湖潭，是一座因兴建发电厂引水所形成的人工湖泊，周围环境秀丽、风光明媚，因常有燕群盘旋此处，所以称为"燕子湖"。燕子湖邻近台北市区，可进行垂钓、戏水、赏景及烤肉等休闲活动。
美食推荐	位于新店台北小城社区的我家厨房，其红烧原汁牛肉面曾得过台北牛肉面比赛人气冠军。汤头用牛骨熬制而成，香味浓郁却不油腻，食客可选牛肉或半筋半肉。西餐以起司猪排最爱欢迎，另有豆腐乳、猪肉意大利面、自酿风味果醋也颇受好评。

位置图 *LOCATION*

为了一圆儿时的火车梦，谢嘉亨用特殊的陶瓷技法，打造出一台台闪耀着金属色泽的蒸汽火车，把台湾的铁道文化以一种立体的方式记录下来。

乐土工作室

地　　址：台北市长安西路19巷2弄19-2号1楼
电　　话：02-25418802
开放时间：周一至周日，请先预约

火车窑变记

text | 谢凯 photo | 谢嘉亨

“这个火车是陶制的，真不是铜、不是木头？”第一眼见到谢嘉亨的陶土火车的人，总免不了瞪大眼、张大嘴，发出这样的疑问。而对于自己的作品引起围观和热议，谢嘉亨早习以为常。

这位深爱火车的台湾陶艺家，不仅收藏了数不清的火车模型，更将这份喜爱转化成五十余件以陶土制成的蒸汽火车，并运用独特的“闪光釉”技法，为火车披上华丽外衣。腾云号、御风号、疾电号、三义段EK900……层层釉色溯回岁月历史，焰焰窑火穿越时空隧道，十几年来，谢嘉亨仿佛淬炼着一部恢弘立体的铁道史诗。

独一无二的闪光釉

谢嘉亨的工作室叫“乐土”，位于台北火车站附近。或许，这也是冥冥之中他与火车的另一种缘分。

“乐土”之名，取意于谢嘉亨与太太黄雅芳的艺术爱好。太太喜欢音乐，而他喜欢陶土。走进工作室，先入眼帘的是一架平台钢琴，琴脚旁摆着几件风格前卫的陶艺作品，墙上也挂满了镶框的陶作。每天，谢嘉亨与太太以陶塑为乐，以琴音为伴。

谢嘉亨曾在西班牙留学7年，受创作环境的影响，他的陶艺作品有着明显的欧洲风格，粗犷、自然又现代。正是因为留学，他认识了在马德里皇家音乐学院念书且志同道合的太太，更学到了让他蜚声世界的独特釉法。

那一年，谢嘉亨27岁，在西班牙国立马德里大学从零开始学习陶艺。一次，他看到西班牙公认“闪光釉”技法最有名的艺术家Joan Carillo的作品，对丰富多变的釉色大感惊叹，跑去对主修教授Joan Llacer说想学这种釉色技法。主修教授诧异地回答，“闪光釉”学起来难度极高。

“闪光釉”是13世纪阿拉伯人祭祀和进贡皇室陶瓷所采用的特殊釉法，在光源照射下，可折射出釉体斑纹，闪耀出瑰丽色泽。这种釉法在阿拉伯只有国家级艺匠才会烧制，技法传子不传女，除了釉相设定困难，窑炉温度操控更需长年累积经验。阿拉伯人从7世纪起统治西班牙七百多年，这项特殊釉法才在西班牙传承下来。

在谢嘉亨的坚持下，教授给了他基本的配方，让他自己研究。为了研究釉药，谢嘉亨同时攻读化学硕士。在一年半的时间里，他经过二百多次尝试终于成功，成为亚洲唯一会这种釉法的陶艺家。

但谢嘉亨并不满足，他要做有个人标签的、独一无二的闪光釉。他尝试在釉药里加入氧化铜，让作品呈现红铜色的金属质感。1997年，谢嘉亨回到台湾，开始研发温馨黄银色调的氧化银。2003年，他在闪光釉里加入氧化铜、氧化银两种金属元素，运用印象画派的层次点描法，让点状釉药在烧制高温下融解流动，经过反复上釉与窑烧，营造出色彩目炫神迷、繁复多变的效果。

之后，谢嘉亨进一步研发有“闪光釉折射之母”美誉的氧化铋。“铋”的分子晶体多达18个折射面，烧制氧化铋可以折射出任何光线，散发出斑斓如虹彩般的色泽。半年后，氧化铋研制成功，谢嘉亨将氧化铜、氧化银、氧化铋3种金属元素融合在同一件作品中，难度越来越高，作品的色彩却越发绚烂。凭着独特的技法，谢嘉亨的作品屡获各项工艺比赛大奖，参与多次联展，也备受肯定。

生命里的火车

纵观谢嘉亨的陶艺创作，简单来说可分为两类，一是艺术性装饰摆件，二是蒸汽火车。

火车，是谢嘉亨生命中血肉相连的迷恋之物。小时候，父母

谢嘉亨

在台北经营木材行，因工作繁忙，把他托付给在台南盐水的外婆照顾。于是，蒸汽火车就成了两个家的连结线。火车对谢嘉亨来说，不只是简单的交通工具，还承载了儿时的记忆和对外婆的思念。

从中学开始，谢嘉亨就爱上收藏各种火车模型，长大后更是欲罢不能。他收藏的火车大多是德国出品，虽只是三十厘米左右的模型，机械性能却非常好。“这是阿里山的，这里有很多传动，都会动哦，跟真实的一模一样。”谢嘉亨拿出大大小小的火车模型，像小孩子显摆自己的玩具一样。

十多年前的某一天，谢嘉亨又看中一个日制“家庭号”蒸汽火车模型，燃烧煤炭驱动，人还能坐在上面沿着铁轨驾驶。他兴奋地向太太表示想买。太太不同意，说：“反正你礼拜六都在家里，有空就花时间自己做一做。”没想到，这句话竟成了谢嘉亨创作陶土火车的动力。

做小火车显然不过瘾，对于火车迷谢嘉亨来说，要做就做大的。他创作的陶土火车可以长达3米，称得上是一个大工程。如今，谢嘉亨已创作了五十多列火车，每列都是早年台湾真正使用过的，包括德、美、英、日各国出厂的车系，曾经奔驰在台湾高山、平原与海岸地区九条铁路线上，现今绝大多数已“退休”，是人们消失的共同记忆。

为了创作出逼真的火车，谢嘉亨广泛收集文献资料和一张张火车头的老照片，甚至为了准确地再现驾驶座的原貌，他还远赴日本京都“梅小陆火车博物馆”考察。以此为基础，再加上自己丰富的想象力，谢嘉亨设计出严谨的平面图，根据比例分解成250多个零件，再组装送进窑烧。每一个做下来，都要花费四个多月时间。

制作零件是比较复杂的过程，250多个零件，各需不同的工法，例如轮胎、砂箱等圆形零件要用手拉坯塑型；传动杆、空气管得一根根用手工捏制；衔接扣环、窗户得用雕刻技法；主题车厢则以陶版成型。接下来的组装也不轻松，任何一件若尺寸不符，都无法组装，必须重做。

窑烧更需技巧。轮子、车体下方以耐火砖支撑，避免窑烧变形。火车入窑后，先用电窑以1240℃进行素烧，目的在于将陶土“瓷化”，增加硬度。窑烧两到三次后，为呈现釉药效果，再用直焰式瓦斯窑反复釉烧。

“这个叫超尘，是当时刘铭传先生到台湾来引进的第二款蒸汽火车头。里面有枪室，保护火车头，怕被抢劫。”对每一个火车头，谢嘉亨都能侃侃而谈，俨然一部台湾铁道及火车发展史的活参考书。在真实还原的基础上，谢嘉亨再融入艺术创作，让看到作品的人，如临其境。

旅游攻略

交通路线	台北捷运淡水线中山站→往台北车站的地下街方向，步行约五分钟→至长安西路出口→步行三分钟能抵达乐土工作室。
景点推荐	树火纪念纸博物馆是台湾首家和唯一一家纸博物馆，博物馆共有4层，其中一楼展示世界各国的手工纸艺品以及传统手工造纸表演；二楼详细介绍了造纸术发明及传播的历史；三楼是认识台湾造纸历史及欣赏台湾纸乡特殊风貌的场地；四楼为手工造纸厂，游客在这里可以了解造纸原料的处理方法，包括浸泡、蒸煮和漂白等步骤。
美食推荐	坐落于台北当代艺术馆小巷内的MAYU，店里的蛋糕是台北市最道地的法国风味。经营者出身法国蓝带学院，缤纷绮丽的甜点都是由他手工制作。蒙布朗、栗子奶油香浓顺口，入口即有幸福的味道。店里还有法式简餐和小吃，例如香草烤黄鱼、野菇烤鸡。

位置图 ***LOCATION***

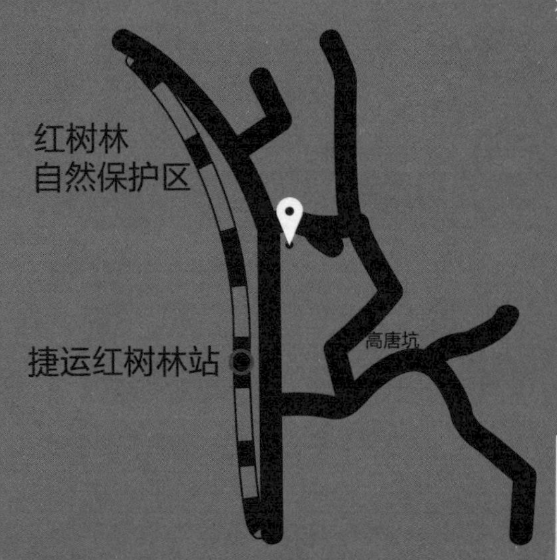

肥皂是载体，文化和梦想才是阿原想传达、分享的内涵。

阿原工作室

地　　址：新北市淡水区中正东路 2 段 69 号 6 楼
电　　话：0800-055680
开放时间：周六至周日 09：00-17：30，电话预约

阿原制皂

text | 文丽君 photo | 阿原工作室

说起阿原，接触过手工皂的人大概不会陌生。阿原是一个人，一个工作室，也特指一种商品——一块小小的肥皂。

一块肥皂，透着彰化艾草、金山左手香的芬芳，加上阳明山泉水的浸润，不仅能洗涤尘垢，也可以抚慰心灵；一块肥皂，从台湾红到东南亚，年营业额达2亿新台币。靠的是什么？土地伦理、手感经济、劳动力美学……还有深深的“台湾味”。

阿原的路

2005年的台湾，当很多人还不知道手工肥皂为何物时，江荣原已开始动手制皂。

因自身皮肤容易过敏，他常常研究无刺激性的清洁用品，慢慢地，他发现中草药不仅不刺激皮肤，还可以改善皮肤。那时，英国知名肥皂品牌LUSH正在台湾流行，触动了江荣原的灵感：英国有LUSH，台湾为什么不能有阿原肥皂？更何况台湾到处是山，山里到处是药草。

同年6月，阿原工作室成立，开始制作纯天然、纯手工的肥皂。之所以取名肥皂而不称香皂，就是为了区别于市面上添加了人工香精的一般香皂。

第一块艾草皂很快被研发出来，但当时手工肥皂的市场接受度并不高，结果随后的半年里，解决销售成了阿原工作室最大的挑战。在最人心惶惶的时候，为了让工作坊的女工们放心工作，江荣原甚至租了一台小货车，上演“假出货”的戏码，自掏腰包买下肥皂，然后全部搬回家。

经过一次次的市场推广，终于有人注意到阿原。“有机缘地”、“朴园”和“活水源”等有机商店开始下订单进货。销售额一增长，位于万里的60多平方米的的工作室就不够用了，于是，阿原将工作室搬至金山。为把金山耕耘成“肥皂的故乡”，他们主动参与各式各样的展览，包括街边巷尾的创意市集。

随后，诚品书店也注意到了阿原肥皂，让他可以在里面设柜专营。诚品书店堪称台湾创意经济的摇篮，江荣原没有想到他的肥皂能在诚品书店里面贩卖。从最初一个月只卖出一两百块，到后来每月数千块，诚品书店给阿原肥皂的销售带来不小的推动。

事实上，在一个已经对沐浴乳有重度依赖的社会，把人们重新拉回来，使用简单的肥皂甚至有些异想天开，但阿原“上垒”了。在阿原用力挥出第一棒之后，十年间台湾变成全亚洲手工肥皂消费和生产最蓬勃兴盛的地方。从各国进口的千元起价的贵族肥皂，到有机商店土法炼制的药草肥皂，从原汁原味的乡镇农会商品，到时尚新贵的文化创意产业，手工肥皂硬是走出了一条大道。

说到阿原肥皂成功的最大因素，江荣原认为是时机。“台湾社会喧嚣、人心浮动，在过度自由后有一种回头收敛、被重整的渴望，而阿原肥皂展露的正好是一种安定的力量。”

清洁是一种修行

走进阿原肥皂位于阳明山的“香草道场”，循着杳无人迹的山路前行，呼吸的都是清新自然的空气，目之所及是一片片郁郁葱葱的绿植。为了保证产品的品质，江荣原与台湾各地的有机小农合作，此外，他还在金山、阳明山租地创办自己的药草农场。江荣原仍记得第一次见到农场主章老师时他说的话：“我等你很久了，这块土地是为你而留的。我把这山交由你看顾，我会很放心……我祖

江荣原

甘草
手
草
神
四神

先也会同意。”

桑葚、苦茶树、艾草、土芭乐、鱼腥草、洛神花……这些台湾的原生植物由阿原的员工亲手种下，阿原肥皂就是以这些本土花草为原料，以食用级的橄榄油、椰子油、小麦胚芽油、酪梨油等为基底，加上阳明山公园全无污染的山泉水，经18道工序、45天的孕育，才得以制成。阿原肥皂不含任何化学添加物，全程都是纯手工制作，所使用的每一种温润材料，都蕴含着阿原倾注的耐心和爱。

阿原肥皂的核心精神是土地伦理、手感经济、劳动力美学。一般人很难想象，每天使用的肥皂与土地伦理有何联系？江荣原说，实践土地伦理，指的就是珍惜植物、农耕不施肥，用最自然的方式，去爱惜一草一木，重视每一个在土地上生存的人，进而以同理心对待土地和植物。

正是出于对土地和生灵的尊重，阿原肥皂成为享誉国际的品牌。各国代理商一致表示：从这块肥皂身上我们看到了“台湾味”。台湾味是什么？概念上来说就是和其他地方的产品相比有明显的差异，也就是说，阿原肥皂的用料有着明显的不可被替代性。“当消费者持续投票给这块肥皂表示认同的时候，他们所看到的不是阿原有多少创意，而是我们守住了多少消失的东西。”

阿原第二代

阿原的队伍不断壮大，从最初的4人到如今的130多人，手工肥皂的技艺也完整传给了第二代“阿原人”。

2010年，阿原决定扩大版图，将“阿原肥皂”扩展为“阿原本铺”，以台湾的“好品味”“好气味”“好滋味”为主题，推出其他产品。江荣原说，他希望“阿原本铺”和琉璃、凤梨酥、黑桥牌香肠一样，成为台湾人赠送外来客的伴手礼。

十年来，阿原从一块小小的肥皂起家，项目越做越多，不仅有手工皂，还有液态皂、精油、食用油，甚至还做茶。有人说，阿原太善变了。阿原说：“山风，涌泉，无染泥，谁说阿原善变，是你们看我的角度变了。”

这几年来，茶在江荣原心中翻滚的次数和肥皂一样多。他看到台湾本土茶的市场受到外来茶的挤压，目睹滚滚的土石流灭村断桥，目睹高山秃秃的茶树蛇爬，爱茶的他想为茶叶做点事，就像爱干净的他正在为清洁做事一样。他决定用自己的方式找茶，用自己的想法卖茶。

虽然阿原做茶并不被外界看好，有人善意劝告，也有人说风凉话，“他们是做肥皂的不懂茶，台湾高山上早就没树可以砍了，还在写文案……”但阿原坚持自己的选择。

输了又何妨，这些年来外界的冷嘲热讽还少吗——他们公司就只是会行销，就是很懂包装，阿原这个人说一套做一套……“算了，更认真地做吧，他们没有一个是我认识的，他们是用想象在描写心中的自己，因为他们不相信一家公司真的可以这样做。”江荣原只在心里回应这些非议。

“让高山上没有一棵树因为这杯茶而倒下！”这是江荣原亮出的口号。18个月里，他和团队默默走山访厂，终于开发出十支茶饮。不计成败，一定要上，江荣原说，不然就对不起阿原肥皂的年度主题——“一切会更好”。

在产品多元化开发之余，江荣原也对店铺空间进行了多元化经营。2014年，阿原在淡水古街，开垦一道天光，让淡水河上不仅只有暮色，更充满希望之光，这是阿原另一个理念的呈现，它不仅仅是贩售，更是奉献。这是由一栋百年老屋改造而来的复合式店铺，有别于一般贩售店面针对商品分层，“淡水天光”藉由人类行为与建筑的结合，进阶式导引宾客从认识阿原到阅读阿原再到体验阿原。第一楼为“阿原肥皂”，展售全系列商品；第二楼为“阿原茶饮”，为食饮休憩的空间；第三楼为“阿原讲堂”，可做各式展演活动。

“淡水开的阿原本铺夏天正式卖餐，我们许多菜要在山上干干净净地种。欢迎来品尝！”江荣原一脸笑意。

旅游攻略

交通路线	1号高速公路→台北交流道→省道台2乙线→淡水区→中正东路2段→阿原工作室。
景点推荐	淡水渔人码头是新北市府近期开发成多功能的休闲渔港，拥有美轮美奂的浮动码头及宽广的港区公园，另外还有跨越港区专供行人观景的船形景观大桥。码头上设有300多米的木栈道，倚靠围栏迎风欣赏着淡水河口的景致，是一种悠闲的享受。
美食推荐	中山北路120附4号的“大勇面条之家”制作的脆皮臭豆腐可谓一绝。脆皮臭豆腐一份有5块，它不是传统臭豆腐切成小块下锅油炸，而是酥炸之后，在中间挖个小洞，再淋上特制的臭豆腐酱料，附上自制泡菜。光看臭豆腐酥脆的外皮，就令人垂涎三尺。

位置图 *LOCATION*

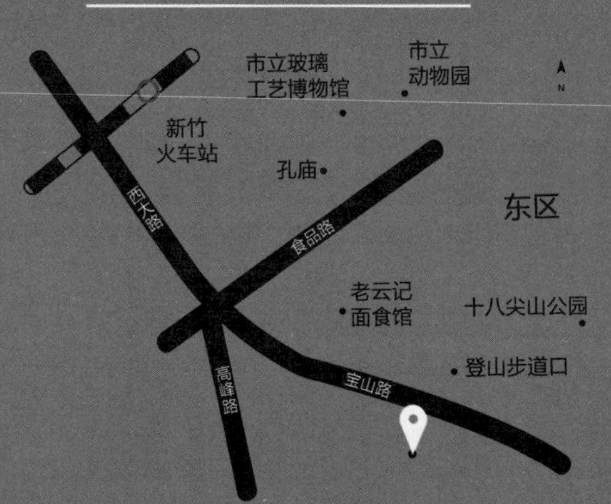

在潮男林雕艺术家蔡杨吉手中，常见的传统题材也能绽放出让人一见难忘的惊艳。

添薪坊

地　　址：新竹市东区仙宫里宝山路 312 号
电　　话：03-5281915
开放时间：周一、三、五 08：00~17：00
　　　　　周六、周日 12：00~17：00

老树绽新花

text | 谢凯 photo | 蔡杨吉

健硕的身材，轮廓分明的脸庞，头上裹着一条艳丽的头巾，在添薪坊木雕工作室第一眼见到蔡杨吉时，觉得他只差拿一把吉他，就是一个粗犷而又带着几分叛逆的摇滚歌手了。然而，四周那些精致的木雕作品，又让人不得不相信眼前这位已经六十多岁的“潮男”的确是一位技艺精湛的木雕艺术家。

在创作上回归传统，但生活中仍然喜欢一些新潮的东西。或许正因为如此，使得蔡杨吉的木雕作品的虽然大多为传统题材，却有着让人眼前一亮的惊艳。

赋予庙宇木作新机

蔡杨吉出生在新竹。五十多年前，当地的树林头是台湾有名的木雕产业基地，开发远比苗栗更早。上小学时，蔡杨吉班上有位女同学家开木器工厂，放学经过她家门前，他总是好奇地驻足观看木雕师傅干活。大刻刀、小刻刀，圆的、尖的、扁的，零零总总的工具并列于案上，师傅们专注地雕刻着每一块木头，木屑一片片被挑出、剔去，一片片掉落在案前和地面，小小的空间挤满了花鸟瑞兽、人物坐骑以及神像金身。从那个时候开起，蔡杨吉觉得木雕师傅的手有魔力，自然而然地喜欢上了木雕。

所以，17岁那年，当父亲让蔡杨吉在“学木雕和开脚踏车店”中选择自己将来的谋生道路时，他毫不犹豫地选择了前者。随后，他只身来到台北拜庙宇雕刻大师黄龟理为师，学习传统建筑的大小木作雕刻技艺。由于勤奋好学，刚20岁出头，他就跟随师傅“跑庙宇”，参与三峡祖师庙、竹莲寺、都城隍庙等重要庙宇的木雕雕刻，练得一手扎实的雕刻技艺。

都城隍庙十分看好蔡杨吉的传统木雕技艺，陆续向他定制了极精致的木雕托灯笼和北管罗鼓架。蔡杨吉完工的作品做工精细，每个细节都不马虎，人物表情惟妙惟肖，除了艺术欣赏之外，还具有传统工艺美术传承的教育意义。其中，罗鼓架原是作为北管戏曲罗鼓之用，但由于作工精细，十分精美，被都城隍庙拿来当作“镇馆之宝”。

蔡杨吉说，这个罗鼓架从构图、设计到雕刻，花了他四年多的时间。他以白杨木、黑檀木为素材，所有的构思都来自戏曲故事。他以《三国演义》为创作灵感的来源，表现“古城会”里关公“过五关斩六将”的故事。仔细一瞧，观者无不啧啧称赞于蔡杨吉的雕工细致、技法高明，就连双方剑拔弩张的对峙感，都显露无遗，栩栩如生。

创作不一定标新立异

庙宇雕刻的工作蔡杨吉一干就是近十年，三十岁后，他才回到故乡，开始艺术木雕的创作。刚进入这个领域，蔡杨吉因为急着出人头地，差点“误入歧途”。蔡杨吉说，庙宇上的木雕多以花鸟、瑞兽、历史人物等为题材，非常传统，为了创作出与以往风格迥异的作品，他选择了抽象题材。比如，他曾经创作了一件人物雕像，把眼球雕刻得异常突出，还在心脏位置挖了一个洞。这件标新立异的作品在比赛中赚足了眼球，但坊间不少人都认为它不伦不类，毫无美感，甚至很难看。这两种截然不同的反应让蔡杨吉内心陷入了挣扎：是继续“一味求新”，还是回到传统题材？经过一番思考后，蔡杨吉最终决定向传统回归。

得益于先前从事庙宇雕刻的丰富经验，蔡杨吉很快就创作出

蔡杨吉

一批传统题材的木雕，并获得广泛好评。如《花鸟走兽》，蔡杨吉在构图上打破了工整的框架，雕刻了一只张开嘴巴的大象，朝着上方的飞鸟举着长长的鼻子，而鸟儿也朝着大象喳喳叫着，这种让飞鸟与大象相对的构图方式，不仅使得作品具有生动有趣的视觉表现，更传递出音乐的律动。他的“水族系列”木雕，着重雕刻技巧的表现，以布满孔洞的珊瑚、与水泡共舞的海草、爬行其间的成对生物，传递出复杂的层次感。其中，不论是螃蟹的弯足、海马的卷尾，还是虾子的长须，蔡杨吉都仔细刻画其千回百折的形态，使其栩栩如生。凭着这些作品，蔡杨吉成为闯入台湾艺术木雕阵营的一匹黑马，于2008年获选为“台湾工艺之家”，2011年又获选为台湾木雕工艺师。

“创作不等于要标新立异”成了蔡杨吉的创作原则，他坚信有着时间沉淀的传统题材，已经被赋予了丰富的文化内涵，并且其中大多数都寓意吉祥如意，因而更容易被大众接受和认可。

要保护，不要保密

在创作时，蔡杨吉有一个特别的习惯，使用铁柄雕刻刀，而不是更方便的木柄雕刻刀。原来，传统木雕多采用浮雕、透雕、圆雕等“凿花”技艺，木柄雕刻刀因为装有粗木柄，在雕刻层次较多的图案——比如要将雕刻刀深入到牡丹花的花心去雕刻花蕊，就非常不便，而细长的铁柄雕刻刀则不会受到影响。

蔡杨吉在师从黄龟理时学到扎实的“凿花”技艺，并且经过多年的经验积累，他自己还总结出一套“凿花”口诀。如以花为雕刻题材时，要“内枝外叶”，也就是枝干铺设内层，花与叶铺排于表层，以枝干托住花叶，两者相互勾搭和巩固；雕刻人物时，要“文官似铜钟，武将有骨气，小旦像柳枝，三花要巧气”；雕刻动物时，要“啼龙、笑凤、凸头狮”；搭配动植物时，要“锦鸡茶、菊花猫、荷花鹭、芭蕉兔”……蔡杨吉说，传统木雕与现代木雕不同，传统木雕必须要遵循严格的工法，而现代木雕创作则可以不依照任何规范，完全随创作者的心境而作。

在长期的职场工作中，蔡杨吉遇过许多从事传统凿花工作的前辈与同辈。让他感到担忧的是，如今在台湾从事木雕的年轻人太少，且同辈的木雕师也逐渐开始凋零，若未得到及时保护与传承，传统木雕技艺随着时间的流逝有可能后继无人。于是，蔡杨吉主动向新竹市“文化资产局”提出“传统凿花技艺传习教案编撰计划”，在获得资助后，历时八个月亲自创作示范作品《礼廉传家》，将寓意“礼”的鲤鱼，和寓意“廉”的鲶鱼，以及螃蟹和莲花等动植物，通过凿花技法巧妙分布于七层图案中，从构图到最后装框，整个过程以文字和视频据实记录，成为台湾第一个木雕技法传承保护的“教案”。

很多人都说蔡杨吉傻，把大半辈子总结的经验公开发表。然而，蔡杨吉却不以为然，在他看来，虽然人都有‘藏私’的本能，但是想到传统木雕技艺在当下的处境，保护和传承就比保密更有意义。接下来，他计划投入到人物和花鸟主题的“教案”制作中，虽然很长一段时间会很辛苦，但他会继续做下去。

旅游攻略

交通路线	3 号高速公路→新竹交流道→宝山路→添薪坊。
景点推荐	台东森林公园位于台东县台东市中华桥下，占地三四百公顷，有一座青草湖位于新竹市东郊，湖面不大，四周寺庙林立，草木苍翠，是新竹最古老的风景区。每到梅雨季节，这里便水波荡漾，可以泛舟湖面。端午佳节，新竹居民会聚集在此举行传的统龙舟赛，热闹异常。湖畔各寺中以灵隐寺最为著名。寺庙前的油加利树下则有营地可供露营、烤肉之用。
美食推荐	位于建华国中对面的老云记以鲜虾水饺远近闻名，粉嫩的外观单是看就已经让人流口水了。店里还有韭菜、高丽菜水饺，也很受年轻一族的欢迎。面食也有多种选择，牛筋面、牛肉面，吃起来很过瘾。卤菜种类也不少，卤大肠、炸肉、牛肉吃起来都很香，连平价的卤豆干也是由老板亲自挑选的手工豆干精心卤制而成。

位置图 ***LOCATION***

185巷
大湖路（北86）
N
莺歌石
宏德宫
市拿陶艺
杰作陶艺
中山路高架桥
中山路桥
中山路
一路
中正
阿婆寿司专卖店
国庆节
台华窑
莺桃路
莺歌火车站
尖山埔路
重庆街
接3号高速公路

在莺歌的舞台上，主唱除了陶瓷，还是陶瓷。

许朝宗工作坊

地　　址：台北县莺歌镇大湖路185巷7号
电　　话：02-26705756
开放时间：每日08：00-17：00，限10-40人

莺歌：陶瓷唱歌

text | 六月 英子 photo | 许朝宗

台湾的老街很多。

但凡一个县，或者一个市，甚至一个镇，多半都会有那么一条“老街”。比如台北的迪化老街，桃园的大溪老街，新北的三峡镇老街，彰化的鹿港小镇老街……每条老街，各有各的气质。莺歌镇的陶瓷老街，更是别有一番韵味。

台湾的景德镇

莺歌陶瓷老街位于台北县莺歌镇，是莺歌陶业最早的聚集地。

据当地史料记载，清朝嘉庆年间，福建泉州吴姓家族渡海来台，取用当地的田土烧窑制陶，自此开启了莺歌人“点土成金”的历史，至今已有两百余年。方圆仅18平方公里的莺歌小镇，在最繁盛时拥有近千家陶瓷工厂，陶瓷商店、博物馆、陶艺馆更是不计其数。当地居民从事的工作，也几乎全与陶瓷有关。

从台北市到莺歌镇也就40分钟的车程。在有着“陶瓷老街”之称的尖山埔路上，喜欢陶瓷的淘宝者们，多半不会空手而回。几百家风格各异的陶瓷商店和展厅，会充分满足你欣赏和选购的欲望。在这里，陶瓷不再仅仅是一门艺术，而已成为人们，特别是孩子们生活乐趣的一部分。

这些陶瓷店铺里，有经营了好几代的陶瓷世家，有激进突破的陶艺新锐，风格古朴者有之，求新求变者有之。实用与唯美，造型与意念，冲突与和谐……这条不长的老街，叙述着莺歌的过去与现在，诠释着陶瓷的多变与永恒。

与江西景德镇相比，台湾莺歌陶瓷老街显得小而全。她比不上江西景德镇陶瓷的技艺精、做工好，却比景德镇陶瓷多了一些生活元素。在设计上，饱含台湾文创业一贯的鲜活魅力。

创作的核心在于人。在众多莺歌陶瓷的创作者中，许朝宗是最具代表性的一位，也是唯一获得台湾最高等级认证的瓷艺大师。自1987年获得“台湾手工业产品评选展”第一名以来，许朝宗所向披靡，在各种比赛中都囊括首奖，成为莺歌陶瓷业发展的风向标。他对各朝代陶瓷使用的土质、釉药、施釉技法和烧制法了如指掌，俨然是一本会走路的陶瓷活百科。他的作品不仅是台湾各界典藏与馈赠友人的首选，更见证了台湾陶瓷业过去三十年的发展历史。

飞来莺歌吧

许朝宗创建的吉洲窑一直在莺歌老街。这些年，许朝宗的名气不断扩大，但吉洲窑却并没有因此飞速扩张。全世界就只有一家门店，要买许朝宗的作品，可以，飞来莺歌吧！

就像某些隐匿于市井的百年老字号一样，吉洲窑不求扩张，只求在种子发芽的地方执著坚守。1975年，许朝宗在莺歌创建了吉洲窑，“江西也有个吉州窑，影响很大。我这个吉洲窑的‘洲’多了三点水，以示区别。”

说实话，初期的吉洲窑规模比现在大，那时主要做仿古瓷外销，追求的是量。后来外销衰退，才转型做附加价值高的艺术创作，量自然也就少了。转型后，吉洲窑出品的陶瓷都出自许朝宗之手，拉坯、雕塑、釉药、彩绘、窑炉，每个工序他都自己完成。他有一个理念，要让贴着吉洲窑标签的产品，件件都货真价实。做大了就做滥了，不值钱了，这是他的观点。因此，尽管他的作品的价位在75万新台币左右，市场上还是供不应求。

许朝宗也不接受定制，这并非是他名气大架子大，而是有他自

许朝宗

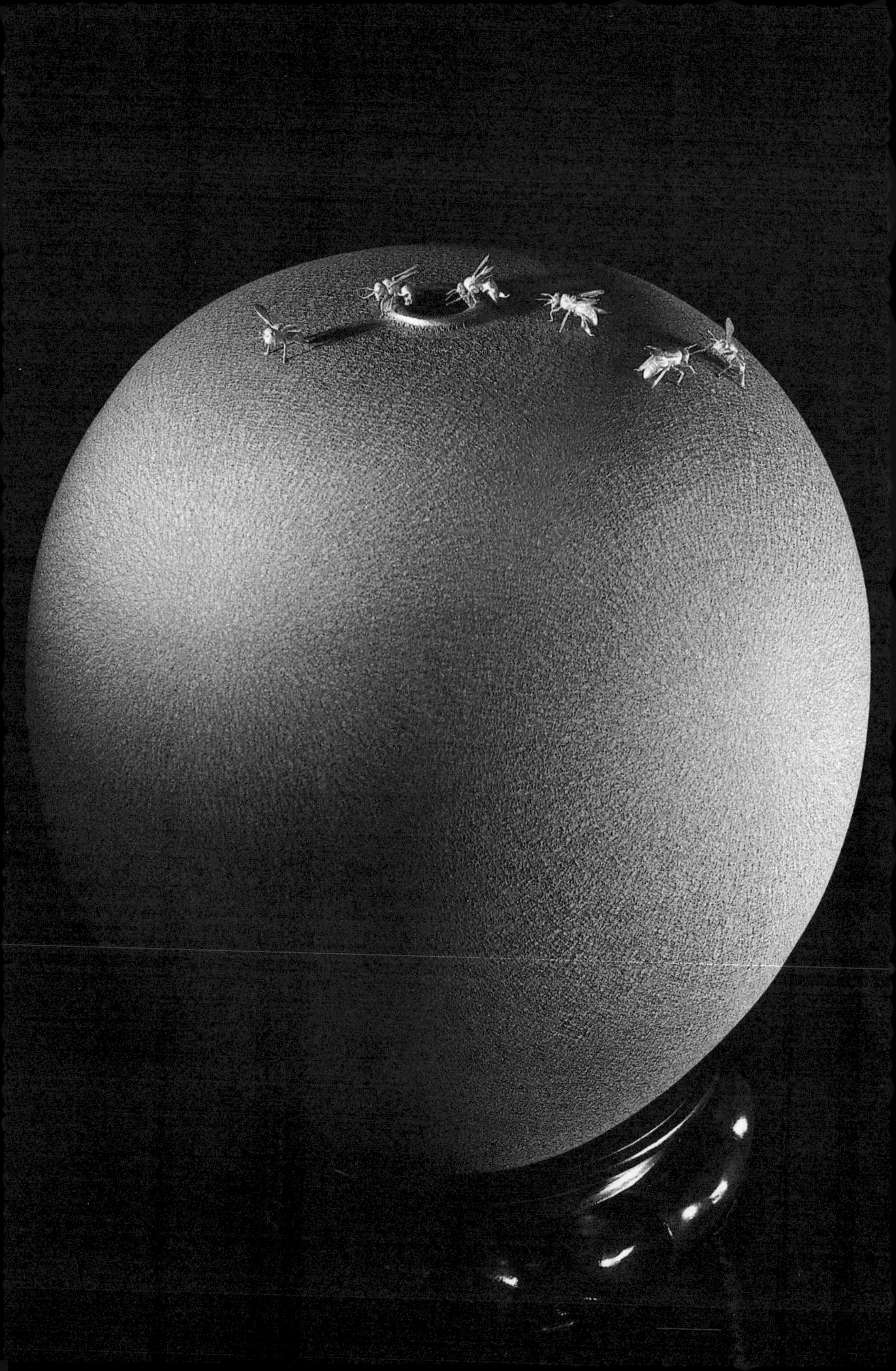

己的考虑。“期望和实际之间往往有落差，而这种落差会带来一些不必要的纠纷。我更愿意以自己为主导，把作品先创作出来。你要喜欢，就掏钱买。”

在距离莺歌1.5公里的大湖路上，有一些并不惹眼的屋子，其中之一就是许朝宗的个人收藏室兼工作室。整个团队中，他是主创，儿子和女儿打下手，还请了一个师傅做些非核心技术的工序。“核心技术不会教给请来的师傅，他要是会了就会另起炉灶，或立马被人挖走，我独创的那些技术，只教给我儿子。”

天刚蒙蒙亮，许朝宗就系上围兜，坐在拉坯机前专注地拉坯。他很忙，每周都要到学校给学生上课，还要参加各种展览，但不管有多忙，他每周总会腾出两天时间用于创作。只有不断推陈出新，才能立于不败之地。

十年一个创新

可谁又能想到，这个如今在陶瓷界赫赫有名的艺术家，曾对陶瓷完全陌生。他出生在宜兰，农专毕业后，考入宪兵学校专修班，当了几年兵，而后退役，然后义无反顾地来到了女友的所在之地莺歌。

他在陶瓷工厂虚心学习，即使下班后，也在家中一遍遍地练习瓷土成型的各种技巧，一直到学会所有的技术。就单凭一股不认输、不气馁的傻劲，许朝宗将陶瓷创作这项一技之长，发挥得淋漓尽致。

如果将许朝宗三十年来的陶瓷作品一字排开，可以看出一名艺术家创作不辍的轨迹。20世纪八九十年代是晶莹如玉的仿宋汝窑瓷，之后是灿烂动人的金彩系列，高雅沉静的铁锈花系列，再是近几年的黄金陶瓷雕塑系列。许朝宗在不断思考，用他的话说：“我每十年就做一个新的系列。”有了新的方向，之前的系列就不再继续创作，相当于是绝版，这就是许朝宗的作品极具收藏价值的重要原因之一。

许朝宗最擅长的技巧是釉药。三十多年来，他尝试过五万多种釉药的组合，结合各种金属特性、温度、土质来进行试验，但最终用于创作并能展现特色的釉药不超过十种。这其中，“铁锈花釉”是最让许朝宗满意的巅峰之作。“铁锈花釉”属于一种极难掌控的窑变釉，以铁发色，灰色调中有些丝绸的质感，同时缀以亮金和雾金，脱俗而颇具禅意。因为釉药主体是三氧化二铁，而成品纹路又似绽放的花朵，故取名“铁锈花”。

在艺术院校上课时，许朝宗时常告诉学生，想在陶艺界快速闯出名头，最快的捷径就是从釉药入手，因为釉药千变万化，只要肯花时间研究，就会找到属于自己的独特的釉药，别人是没办法模仿的。

为了突破作品的平面感，同时也让创作不局限于陶瓷本身，2007年，许朝宗以铁锈花釉的作品与技术，和技艺不外传的黄金雕塑家吴卿交换技艺，学习黄金立体雕塑法。经过一年多的学习，他将黄金雕刻融入到陶瓷制作中，让作品呈现出别具一格的富贵感。

《归巢》，数只黄金螃蟹爬回洞口的模样，让整件作品有了动感。《荷生妙有》，以深色釉药表现出荷花池的淤泥，金荷花的根部以抽丝法制成，盘根交错，脉络生动；荷花与茎叶采取脱蜡法，先以蜡块塑型，再以石膏包覆其外，入窑加温溶蜡后，再将金液灌入石膏模中，因此手工技法繁复，难度很高；完成后的金荷，与铁锈花釉的池水相映，仿佛来自恒古不灭的光亮，瑰丽雅致。这件作品耗时四个月才完成，曾有人出价两百多万元购买，但许朝宗因为作品的艺术性远高于工艺价值而拒绝了。他把一些得意之作保留在工作室里，等将来自己的陶瓷博物馆对外开放时供人参观。如今，他已经攒了六百余件作品。

没有新创意，就会被淘汰。或许正是因为许朝宗不是学院科班出身，才能跳出理论框架，勇于尝试，因而屡屡创造惊喜，也为莺歌带来惊喜。

旅游攻略

交通路线	3 号高速公路→莺歌→中山路→文化路→国庆街→尖山埔路→许朝宗陶瓷工作坊。
景点推荐	莺歌陶瓷博物馆是台湾首座陶瓷专业博物馆，展品既有古老的史前陶器，也有现代陶艺作品，涵盖了莺歌陶瓷的全部发展历史和古今制陶的方法，从原始到机械化，为陶瓷重镇写下新的一页。
美食推荐	到莺歌玩，很多人都去吃阿婆寿司。阿婆寿司在莺哥中正一路上，全年营业。这里的寿司米饭香嫩，米粒晶莹，加上特别调制的醋，材料精选，新鲜又卫生，大受旅客欢迎。寿司有海苔、豆皮、蛋皮三种，附上好吃的腌渍瓜片，一大盒只要三十元新台币。

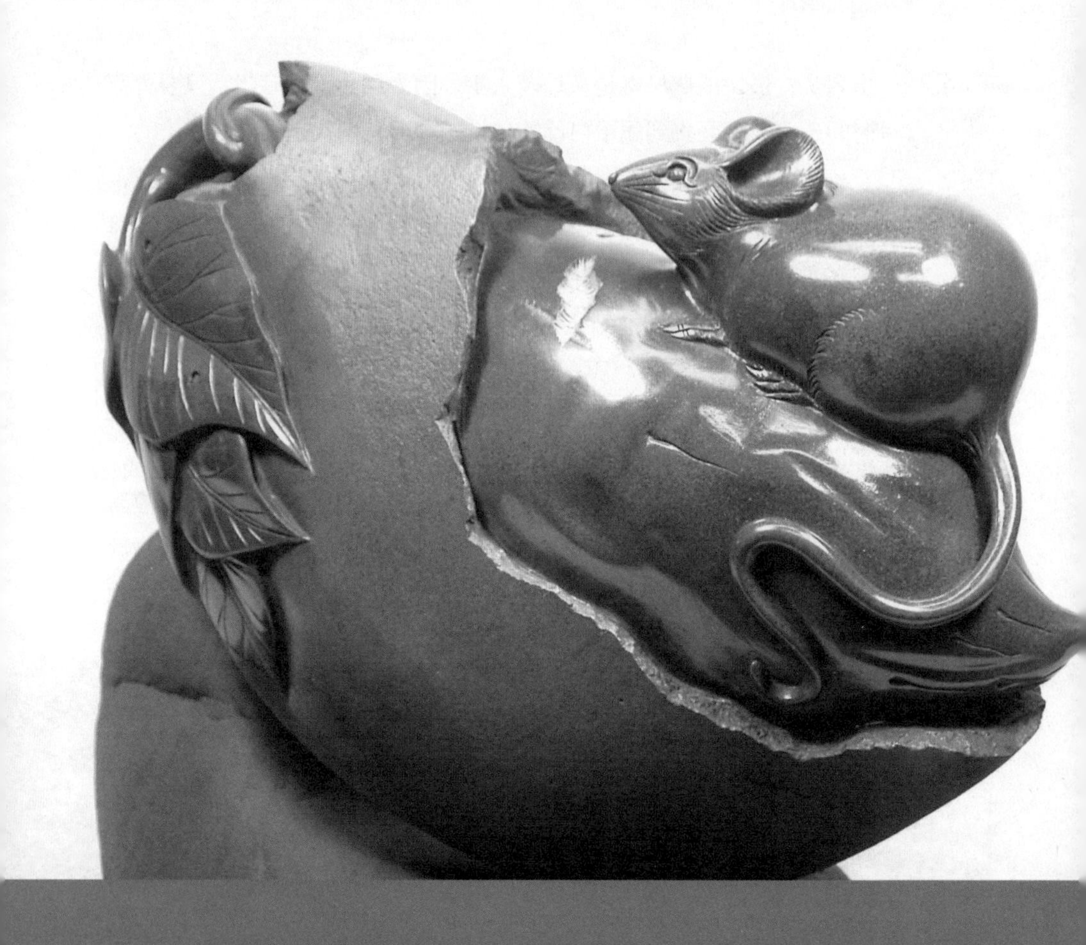

位置图 LOCATION

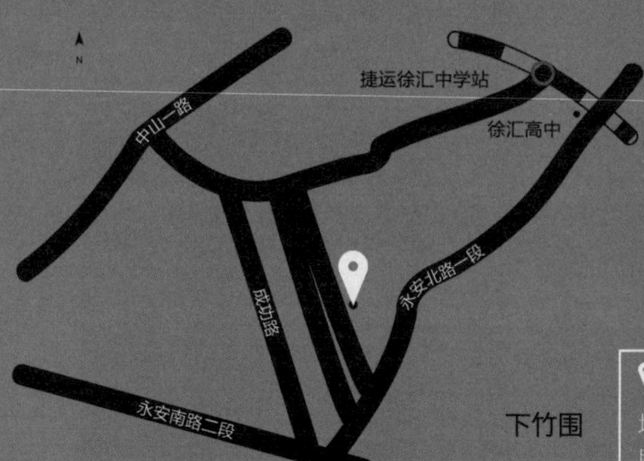

如何将天造的朴素和自己对美的表达融合在一起？方庆福随物赋形，刀尽其极，物尽其用，努力让每一块石头展露出它本有的独特光彩。

阿福工坊

地　　址：台北市芦洲区信义路34巷104号
电　　话：02-82852986
开放时间：周一至周日10：00-17：00，电话预约

在石头上写意

text丨 刘园 photo丨 方庆福

一块石头的价值，究竟在于材质本身，还是在于被艺术家赋予的艺术美感，或者石头背后的美丽传说？如果你选择“艺术美感”，那么优秀的作品究竟是那些雕工繁复、巧夺天工的，还是随物赋形、巧借天工的？

或许，这样的对比本无意义，一个从事玉石雕刻的人，只要能通过自己的手，唤醒石头本身的灵性，就已经完成了美的创造。出生在台北九份的玉石雕大师方庆福，正是这一理念的践行者。

朴素的诗和感伤的诗

方庆福出生在台北九份一个玉雕家庭，从小在琢玉声中长大。“记忆中，每每望着父兄辛勤工作的背影，内心总希望自己也能加入，分担他们的辛劳。”十六岁那年的夏天，方庆福如愿以偿。

“传统拜师学艺要三年四个月，我却要六年八个月。”方庆福常常记起父亲的话，“一分天才也要有九分的努力，一流名师更需倍于常人的辛苦与训练。”

训练有素的方庆福，意气风发，和大多数年轻的琢玉者一样，热衷于在名贵的玉石上操练刀法。随着时间的流逝，方庆福进入了石头的深处，开始敬畏石头。“每一块石头的年纪都比我们大，它们历经风霜与岁月的洗礼，朴实的外表中蕴藏着日月精华。我们有幸与它们相会，该珍惜以对！本质上我们无法改变它们，只能让它们美化少许……”

大概十年前，方庆福开始转向台湾本土石雕的创作。传统石雕的沉稳、粗旷和质感，令方庆福着迷不已。他发现，这些朴素的石头可以给自己提供更大的挥洒空间，是能够表现出更高艺术价值的素材。

如何将天造的朴素和自己对美的表达融合在一起？方庆福端详着每一块石头，根据石头的纹理、质地、颜色，构思不同的创作内容，随物赋形，尽可能多地保留原石的美感，在此基础上创造相关的形象，设计、裁切、雕刻、抛光，刀尽其极，物尽其用，“让每一块石头展露出它本有的独特光彩”。

2010年，方庆福创作的《日月精华》，几乎全部保留了一颗硬砂岩的椭圆形状，只是在一端打磨出黝黑的亮光，和原石中部的几抹淡云互相照应。原石的朴素与雕刻者的匠心，形成了一种整体的意象，取名《日月精华》，似乎是对自己创作理念的宣告。

“艺术是不分材质的。尤其是玉石资源逐渐匮乏的时代，让普通石头拥有艺术的美感，可以对玉石雕刻的未来有所启发。”方庆福的尝试得到了肯定，各种奖项和殊荣纷至沓来。

海洋的子民

方庆福把自己从事玉石雕创作的三十年做了一个分段：前十年，在努力学习技艺，打基本功，在家庭作坊里“为他人做嫁衣裳”；中间十年，不断创作、赚钱，用经济价值来肯定自己的努力；最近十年，玉石和生活变得相辅相成、密不可分，彼此之间仿佛开着一扇神秘的门，可以互通有无、分享智慧。

无论哪个十年，生活都是艺术创作的唯一来源。方庆福热爱家乡，他说：“生活在台湾有个最大的好处，就是不断有新鲜事发生。不同的声音、不同的论调，有些前卫、有些传统，现代与古典、朴拙与精致，彼此之间并不排斥。”他常去海边，尽情呼吸这个被海洋包围的海岛的空气，感受这块陆地上人们的失落与希望、脆弱和坚强。

方庆福

他的作品《开创》，赋予台湾船的形象，乘风破浪，洋溢着开拓的激情；《希望之岛》将宝岛东麓产的玉石和最普通的砂岩组合在一起，老竹、新叶、初笋，象征他对这块土地的深厚感情和对未来的展望；《勇士归乡》表现鲑鱼返乡的励志故事，成鱼克服万般逆境，只为回到出生的地方，完成延续生命的使命，一如视死如归的柔情勇士，用自己的身体化作后代的养分。写实和意向的完美结合，尽显艺术张力。

近几年来，方庆福投身工艺文化的推广和传承，并和一些志趣相投的雕刻界朋友，共同筹备玉石雕刻博物馆。他们希望通过这个教学、研发、体验一体化的公共场所，将雕刻艺术完整地传给下一代。

知足者常乐

近年来，方庆福用台湾非常普通的安山岩、黄砂岩、流纹岩、漂流木，创作出“知足”系列，表达他对幸福的理解。该系列作品由大大小小、形态各异的猪组成，因为材质的原因，看起来黑黑的，跟平日里见到的晶莹剔透的玉石作品反差很大。

“猪本身脏脏的、笨笨的，但是它欢喜、圆融、单纯、自在、知足，永远活在当下，其实是一种最有智慧的动物。”方庆福说，诸多系列作品中，“知足”系列卖得最好，很多人买来把玩和收藏。他还讲了一个故事：一个年轻人，在大学里攻读博士，读了七年都没能毕业。现实似乎总是在跟他开玩笑，理想总是可望而不可及，他责怪自己，对自己失望，整天跟自己较劲。某天，他看到了"知足"，从猪的微笑、憨笑和大笑中，顿悟出一种释然的快感。

“很多事情，如果强求不来，那就放下。”方庆福说，“后来听说那个年轻博士顺利毕业，因为他跟生活和解了，心态上退了一步，生活就给了他一个完美的答案。”

现在，方庆福很享受兴趣爱好、事业和生活浑然交融的感觉。虽然不是功成名就，却也足以养家糊口及受人敬重。更关键的一点是，在别人囿于昼夜、厨房与爱的时候，他可以自由支配时间。

"其实我不是富人。君子'食无求饱，居无求安'，物质的东西，够用就行了。"所谓"知足常乐"，方庆福似乎发现了幸福的真谛，他说："何其有幸，做艺术的工人，是兴趣也是工作。很多事业有成且富裕的朋友，常常羡慕我的生活，我也如野人献曝般乐在其中。"

这个典故讲的是宋国有个贫苦农民，不知道天下有高大舒适温暖的住房，也不知道有丝棉、狐皮之类的衣服。他冬天在地里干活，太阳照在身上，感到特别舒服。于是他决定，把自己的这个发现献给国君，相信会得到重赏。

能够从日月星光处得到温暖的人，往往能够解得幸福的真谛。懂得幸福真谛的人，会出其不意地从生活的诸多因素中感受到幸福。方庆福甚至把共有六个兄弟姐妹都当成是一件特别幸福的事情，"在家庭中，我既是哥哥，又是弟弟，既有姐姐，又有妹妹，可以扮演不同的角色。"

现在，兄弟姐妹们陆续到祖国大陆的沿海地区做生意去了，只有方庆福一个人留在台湾，守着母亲。他说他不适合做生意，做生意门槛太高了。生意是一个追求利益的过程，方庆福容易知足的心态，可能确实不适合做生意——总把客户当朋友，一高兴就干脆把东西送给别人，这样的人，更适合跟器物打交道，在艺术的世界里，让灵魂自在畅游。

旅游攻略

交通路线	2号高速公路→永安北路一段→信义路34巷→阿福工坊。
景点推荐	涌莲寺坐落于芦洲得胜里得胜街、成功路交叉口，为芦洲地区的信仰中心。寺高四层，整体构筑雄伟，气势磅礴，尤其是出檐构造，做工细腻繁复，色彩光鲜明亮，极尽富丽堂皇；寺顶剪黏也颇具巧思，人物走兽，体态不一。
美食推荐	鲜生鼎食堂提供新鲜海产、精致干贝、鲍鱼粥面料理，并严选新鲜食材，保证不放味精，就是要让消费者吃出海鲜最原始的鲜甜味。每周三老板皆会亲自出海捕鱼蟹，就是为了给食客供应最好的佳肴。

位置图 LOCATION

安福玻璃雕塑室

地　　址：新竹市高峰路386巷100弄19号

电　　话：03-5269456

做一个纯净的玻璃梦

text | 蔡运彬 photo | 黄安福

台湾每座城市都有自己的特色，新竹市就是闻名遐迩的“玻璃之城”。这里有台湾密度最高的玻璃产业，绝大部分外销的玻璃器具、工艺品，都在新竹制造。台湾大多数玻璃艺术家，也集中在新竹地区。

新竹是玻璃的故乡，也是台湾玻璃美学的发源地。从1995年开始，新竹市每两年举办一次“玻璃艺术节”，更是大大提升了新竹玻璃工艺品的地位。

提到新竹的玻璃艺术，就不能不提到这个人：他是巧夺天工的玻璃艺术家，是无数个工艺政策的幕后推手，更是全心投入教育的老师——他就是台湾工艺发展学会理事长黄安福。

闻名遐迩的工作室

从新竹市南大路往青草湖方向前进，经过著名的烟波大饭店，左转凤凰桥接高峰路，就可到达黄安福的玻璃雕塑室。青草湖和古奇峰游乐园是当地有名的景点，一年四季，前来游玩度假的人络绎不绝。

去安福玻璃雕塑室，是许多前往新竹旅游的人必不可少的一个环节。不仅是因为黄安福工艺大师的名声，更在于可以在专业老师的指点下，亲身体验一下玻璃艺术的魅力。

黄安福从少年时代被玻璃烧制所吸引，一做就是四十多年，他的工坊是少数可以为游客提供体验的地方。走进工坊大门，迎接你的是各种造型和颜色的玻璃艺术作品，无一不充满眩目的美感，令人着迷。

遇到重要的来宾，黄安福常常在这里亲自示范玻璃制作技艺。玻璃热塑的喷火嘴是采用氧气和瓦斯加热，温度可达2200℃。他一边解说一边操作，用一条长棒型透明玻璃，就着炉火，仅几秒钟工夫，就加热到900℃。高温下的玻璃开始软化、流动，只见他双手灵巧地运作、塑型，一下子就做出一只栩栩如生的仙鹤来。虽然全程只用了短短的5分钟，却是“台上十分钟，台下十年功”。他说，这是长时间练习的成果，必须先懂得火的安全管理，熟悉玻璃、温度和手的关系，才能心手眼合一地创作。

吹玻璃的技法十分震撼。黄安福取出一根中空的玻璃柱，尾部烧融后，便从柱口吹气，一瞬间，便吹出一颗硕大的玻璃气球。他说，只要掌握高温、快速的要领，就可以把玻璃吹到最薄。这种技艺可运用在科技产品上，像笔记本电脑的液晶屏，就有一层超薄的玻璃，还有实验室的试管，也是用吹玻璃技术做成的。

而今，为了满足更多的人对玻璃艺术的好奇，台湾烟波大饭店也设立了玻璃艺术体验工坊。在黄安福看来，这就像撒播下了一粒粒的种子，无数心怀好奇的人从四面八方来到这里，感受玻璃艺术光与影的奇妙，也把玻璃的人文之美，从这里带往远方。

以玻璃之名诉说

黄安福从小家庭清苦，出生在云林县一个鲜为人知的偏僻农村，家中有9个兄弟姐妹，他排行第八。小弟出生后，父亲劳累成疾，骤然倒下，生活的重担从此压在了母亲身上。

随着长兄被录取到新竹担任检察官，全家才得以从小山村迁移到新竹谋求发展。当时的黄安福，还只是个懵懂青涩的少年，一次偶然的机会，他不经意看到老师傅做玻璃，带给他很大震撼，心中随即有了“我也要学会做玻璃”的念头。中学毕业后，他到香山一

黃安福

家玻璃工厂当起了学徒，由于勤奋钻研，几年后他就独当一面。后来，他干脆自己做起老板，主要销售自制的玻璃饰品。

起初只是为了学得一技之长以糊口而踏进了玻璃工业界，但渐渐地，黄安福深深迷醉于玻璃纯净澄澈的本色，长久地浸染其间而不能自拔。这个独特的艺术天地包容了他对于宇宙、人生无尽的遐想与渴望，也接纳了他对人世的观照与反思。

黄安福擅长使用实心雕塑法，看似坚硬的玻璃在高温下化为流动的溶液，他以拉、挤、扭、捏、压等技法，让玻璃在烈焰中幻化为各式作品。黄安福喜欢以动物、花卉、昆虫等为主题，他说：“万物都有独特性，大自然是最好的老师。”而艺术创作最重要的是想法。每个人的生活环境、文化背景都不同，如果能将身边的元素，经过咀嚼、观察，变成想法，就可以创作出独特的作品。

在安福玻璃雕塑室，可以看到黄安福多年来运用各种材质和造型的创作。他说：“工欲善其事，必先利其器。追求好的材料、工具设备和心情是我们工作者的需求。”《荷花》就是当时他用从国外采购来的比较稳定、好雕塑的材料所完成的作品，荷花含苞、开花到凋零的生命历程，都被鲜活地表现出来。

黄安福坦言，他最拿手的是“做牛做马”，他很喜欢“牛”和“马”的精神特质，所以创作了许多与之相关的作品。他的作品内涵丰富，从1979年参加新竹美展一举成名之后便获奖无数，其中《荷花》获得台湾工艺奖，《松竹梅》获得民族工艺奖，2006年，他更是得到了第一届“台湾工艺之家”的殊荣。如今，在美国、法国、英国、加拿大、新加坡、韩国、日本、意大利、俄罗斯等国家的艺术收藏界，到处都能看到他的作品，台湾当局选择礼品致赠外宾的礼品，他的作品也经常名列其中。

执著于玻璃工艺创作，一个外地人从十几岁来新竹落脚学玻璃，靠着勤奋钻研和辛苦付出，终于有了自己的一片天地。

商艺一体促发展

四十多年来，“金玻奖”得主黄安福，在台湾当代玻璃工艺史上从来不曾缺席过。在他看来，玻璃创作有两大内涵，分别为化工和美学层面。化工指的是创作者要了解玻璃的物性、材质的变化，才能用适当手法呈现出想传达的意念；美学层面则要看个人的天分和努力。这是玻璃创作者要具备的基本功，简单几句话，却是他四十多年来的心得。

黄安福曾经到世界各地观摩学习，他发现台湾的玻璃工艺仍有许多发展上升的空间，于是开始致力于玻璃工艺的推广。

“任何科技产业都免不了有传统的积淀，若要保留传统产业的优势，必须重视教育和人才培训，才能增加工艺产业的厚度。”为了让台湾的玻璃工艺生生不息、发光发热，黄安福在中学和大专院校开设课程培养人才。如今，他一边坚持创作，一边教学生玻璃创作，还一边读大学。因为他明了玻璃工艺是多种工艺技术与美学的综合体，社会越先进，玻璃的运用也越专业，所以教导学生不能单凭本身的技艺，还需要其他方面的学习。他希望不畏艰难学有所成的学生们，能将玻璃创作当作他们人生中深刻的记忆。

由于认识到新竹玻璃产业的没落在于“可替代性”太高，玻璃艺术家们纷纷开始创作具有收藏价值和高附加值的玻璃艺术收藏品。作为台湾工艺行业中最大的协会——台湾工艺发展协会的掌门人，黄安福想得更多的，一是如何全面地结合产、官、学界，建立专业的人才培育机制，使新竹玻璃艺术产业能够永续发展；二是从地方文化、观光及经济等方面，建立跨产业的专案整合策略联盟，由政府牵头，企业为主导，推动区域产业发展；三是积极参与艺术交流，在展会中寻找灵感、寻找机会。

“工艺者最大的工艺精神是通过心手劳动带给大众内心的感动。把快乐与大家分享，就是工艺者基本的精神。”花白的头发，一身唐装使黄安福看上去艺术气息十足。对于玻璃艺术这个他一生执着追求的事业，他想说的太多，太多。

旅游攻略

交通路线	新竹交流道→左转新安路→左转研发六路→右转园区三路→直行研新四路→右转高峰路→左转高峰路 386 巷→安福玻璃雕塑室。
景点推荐	六福村主题游乐园位于新竹关西，为一复合式主题游乐园，目前开放阿拉伯皇宫、美国大西部、南太平洋以及野生动物王国四个主题村，未来将陆续推出包括欢乐唐人街和童话小镇各主题村，是一个趣味活泼的、适合全家旅游的休闲国度。
美食推荐	竹堑饼，是用肥猪肉、红葱头、冬瓜糖等做馅料的咸饼，新竹旧称“竹堑”，取名竹堑饼，有保存古都风味的深厚意涵。而烘烤后的竹堑饼，外皮松酥、内馅柔软，吃来葱香满溢，自然引人垂涎，其中仍以位于城隍庙旁，创立于 1898 年的老字号新复珍饼店最具知名。

位置图 *LOCATION*

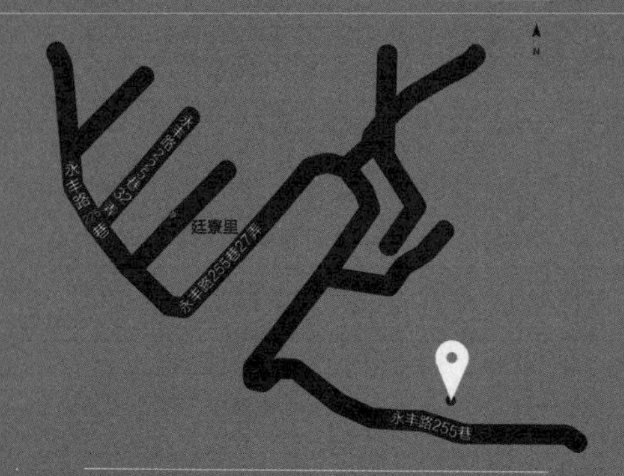

定居于土城的陶艺家伍坤山，没有辜负这片土地的慷慨馈赠，以一颗赤子之心拥抱自然，记录生命。

山野点陶工作室

地　　址：台北县土城市永丰路 255 巷 27 弄 29 号
电　　话：02-22620011
开放时间：周一至周日 09：00-17：30，电话预约

赤心点陶

text | 一隅 photo | 伍坤山

五月的土城，桐花盛开，落英缤纷，仿若白雪飘洒，美不胜收。定居于此的陶艺家伍坤山，没有辜负这片土地的慷慨馈赠，以一颗赤子之心拥抱自然，记录生命。他创作的作品《五月雪》，在唯美的意境中，吟诵雪白桐花之美，以绵密的“点陶”技法，展现其浪漫情怀。这种点陶技法，让传统的平面图案呈现出立体感，显得既温馨又亲切，含蓄地表达出现代人的心情和期待……

人生只有一个选择

1960年生于高雄县冈山镇的伍坤山，从小就喜欢画画和雕刻。有一次，他看过布袋戏之后，就开始在家尝试雕刻戏中人偶的手脚。小学五年级时创作的作品，至今都被他当成宝贝保存着。

为了分担母亲的辛劳，伍坤山14岁时就开始打工，曾做过鹰架工、水电工，也雕刻过玉石和木材。直到16岁那年，为了满足内心对艺术的热爱，他决定拜师学习木刻神像和泥塑佛艺。

29岁时，单调地雕塑佛像已经无法满足他的创作理想，加上老师因过度操劳离世，让他深刻体会到人生的无常，唯有实践理想，走自己的路才是最重要的。因此，他决定放弃月薪上万的优渥待遇，重新归零，投入到陶艺的创作。

辞去工作之后，伍坤山的生活顿时陷入困境，唯有依靠妻子到学校代课才能维持家庭每个月几千块的开销，他笑着说：“当时附近的野菜都快被我们吃遍了。”为了专心创作，他还与妻子商议好不生小孩，他说，如果人生只能有一种选择，那我选择做陶艺家。

点陶成趣，峰引盘泥

伍坤山延续了当年学习泥塑的热情，一边过着清贫的日子，一边到陶艺教室学习捏陶，到艺专旁听吴毓堂的釉药课，还到知名陶艺家林葆家的工作室，学习瓦斯窑烧的控温技巧。

经过长期的精心钻研，并结合多年来的创作技巧，1994年，伍坤山自创的“点陶”作品得以发表。所谓点陶，即是结合化妆土和釉药，融会彩绘、雕塑、线刻及镂空等技法，在陶板或各种陶塑坯体上点画出多彩多姿的图案，利用线条的交织和色点的堆叠，让平面图案呈现出立体感，展现出浪漫的情怀。

独树一帜的点陶技艺，让质朴的作品多了份特有的鲜艳色泽，赋予其有如刺绣一般的质感。伍坤山说：“我是从清代陶艺家在瓷器上绘以色彩鲜艳的釉药上彩，称之为‘斗彩’的作品中得到灵感的。我觉得，表现在瓷器上的‘斗彩’过于光亮、纤细，给人高不可攀的感觉，如果运用在具有亲切感的陶器上，应该有截然不同的视觉效果。”

伍坤山说，之所以想要自创点陶技巧，是因为十多年前他参加一些陶艺比赛时，发现台湾的艺术家们在创作陶艺时跳不出瓶瓶罐罐的限制，做出来的作品相似度也很高，因此他决定以点陶为目标，走出自己的路。

一开始还没摸索出点陶技艺时，他只是单纯地想着要结合泥塑和陶艺的窑烧。当时台湾流行的石湾陶和交趾陶技术，都无法完整表达出他心中的想法，他只能参考一些外国书籍，试图在西化和本土的传统中找到新的、属于当地文化的立足点。

凭借着妻子的支持和自己的努力不懈，伍坤山的点陶创作终于得到社会大众和其他艺术家的肯定，其作品陆续获得包括“第十三届南瀛美展南瀛奖首奖”在内的多项大奖，并为台湾中学生运动会

伍坤山

春

佛佛佛佛

设计奖座，并受邀参加各种展览。伍坤山以其独特的点陶创作，正式步入具有独特风格的台湾陶艺家行列。

除了点陶外，伍坤山还研究出另一项独创的特殊技法，就是以泥瓶挤出泥条，制造层层围绕堆叠感的“盘泥”技法。伍坤山说，“盘泥”技法的灵感来自于世界上最小的“陶艺家”——土蜂。因为居住在山区的缘故，一些土蜂不时会来偷他做陶艺用的泥土去做巢，所以他家附近常常有用各种颜色堆叠出来的小土巢。后来他便从这些土蜂筑的巢中汲取到灵感，同时借鉴蛋糕师傅装饰蛋糕的方法，堆叠出造型独特、质感粗糙的作品，再加上“熏烧”技术的使用，使得作品呈现出深沉而丰富的层次变化。

用心捕捉当下感动

有着一颗赤子之心的伍坤山，总是用他独有的童心来观察与诠释这个多彩多姿的世界。说到自己的创作观和灵感时，伍坤山表示，正所谓处处留心皆学问，只要有一颗真诚的心，生活中俯拾皆是创作的泉源。

每一件作品都浸透着伍坤山的心血，可以说融入了他全部的感情，而不是一件没有生命的空壳子。他感叹说：“人们每天都得戴上不同的面具，扮演不同的角色，为了追逐而追逐，有一天当面具一个个摘下来时，却再也认不得自己的真面目。”为此他创作了《粉墨登场》。他关心社会脉动，关怀“无壳蜗牛”的艰难处境，更有感于杜甫“安得广厦千万间，大庇天下寒士尽欢颜”的理想，创作了《巢》；他看到美国攻打伊拉克的新闻后，心中产生了对战争的质疑，以残缺的人体和象征和平的鸽子为原型，创作出了充满沧桑感的《战争与和平》……

从生活实用的茶壶、笔筒等收纳文具，到纯粹观赏的艺术品，伍坤山近几年的作品范围很广。比如《百年好合》茶具，灵感来自于婚礼，将新郎新娘设计为茶壶茶杯；《文房收纳组》的整体外观是一座山，打开后则内藏笔墨纸砚，这件作品荣获台湾工艺大奖，并被藏家以15万元高价收藏。伍坤山创作的这些生活陶艺品，无不是融艺术性与实用性为一体的构思奇巧之作。

此外，由于早期从事佛像雕刻，伍坤山的作品中常常可以见到以宗教或神话故事为背景的题材，例如《纳福四天王》、《双喜门神》和《十二生肖盘》，都是具有童趣的可爱作品。多元的题材，丰厚的内涵，加上独特的创作技法，使伍坤山的作品让人耳目一新，印象深刻。

伍坤山曾在世界各地参与四十余次联展，获奖无数，许多作品都被历史博物馆、文化中心、陶瓷博物馆等收藏。尽管成就不凡，但他并不自满，他希望能继续研究、创作出更多具有浓厚台湾气息的质朴、纯真的陶艺作品，“在土城小小的工作室内用陶窑继续烧炼幸福和理想。”

旅游攻略

交通路线	台北捷运土城线→土城站→土城区→永丰路→山野点陶工作室。
景点推荐	位于土城的承天禅寺为北台湾颇具盛名的佛教庙宇。禅寺坐落在山腰上，庭园草木扶疏、环境优美，白墙绿瓦的建筑有着庄严肃穆的气息，周日固定有带领信众诵经的仪式。在此还可眺望到多座山峦及淡水河的美景，每年四五月桐花季时，更涌入络绎不绝的赏花客。
美食推荐	清水路上的传统鹅肉店“阿城鹅肉”，从 1991 年至今已有二十多年的好口碑。店里口味较重的麻辣血和麻辣豆腐非常受食客欢迎，麻辣血用中药汤头卤制，麻辣豆腐则以蔬菜汤头与鹅肉汤熬煮而成，两者呈现出不同口味的汤头与口感。

活脱脱的螃蟹、下围棋的螳螂、白玉无瑕的苦瓜……一块块平淡无奇的牛皮，在叶发原手里，化作了缤纷热闹的生命组合，“真”得令人惊叹！

叶发原皮艺工作坊

地　　址：新北市板桥区光明街 108 号 4 楼
电　　话：02-29523895
开放时间：周一至周日 09：00~17：00
电话预约

做有生命的皮塑

text | 文丽君 photo | 叶发原

一块原生皮革，经过匠人一番刻划、敲击、推拉、挤压等工序制作之后，一幅精美绝伦的浮雕图案便跃然皮上。台湾皮塑工艺大师叶发原便是这种皮雕艺术的创作者，他打破传统平面皮革雕刻的做法，以立体化处理的艺术表现，活灵活现地展现事物，这就是他的“皮塑艺术”。

与众不同，一鸣惊人

台湾出生的叶发原本是田径场上的矫健好手，却因世俗眼光放弃了前往体专就读的好机会，选择了去职校的电机科系学习。26岁那年，他在大姐的装潢公司帮忙，用美工刀把一块剩余的皮革雕塑成了一把惟妙惟肖的小吉他。由此他发现，原来自己对皮革竟有一种特殊的情感。

那时，皮雕在台湾还是一个相当陌生的名词，更遑论从事皮雕艺术创作的人才。从零起步的叶发原，对各种有关皮雕的技艺和理论求知若渴。打好基本功后，他正式走上皮雕创作的道路。叶发原前期的创作之路可谓大起大落。从8平方米的工作室开始，以敲打、捏塑皮革开启皮雕创作生涯，到八个月后，在台北新生画廊开首个个展，他付出了巨大的心血，能把这条路走到现在，全靠他那股无怨无悔的傻劲。

一切就像上帝给他开了个善意的玩笑。在开个展之后，有整整三年，他都过着入不敷出、吃住靠家里的日子。作品卖不出去，没有销路，这让叶发原一度动摇了对自己的信心。

直到一次偶然的机会，让他看到了曙光。台北颇具规模的士林夜市游人如织，热闹非凡。各种特色小吃店布满街道。一次逛街时，叶发原看到有红艳艳的煮熟的螃蟹售卖，这唤起了他儿时的记忆，当下买了三只回去。这像是为他打开了一扇创意的大门，从谐音、同音的联想，到细节的构造，叶发原的想象力不断延伸。不久后，螃蟹皮雕组合诞生，精细的钳子，红润的色泽，一幅活灵活现的模样，令人垂涎三尺，普通的皮革仿佛被他赐予了全新的生命力。由此，他的作品获得社会的礼赞，也得到不少喜好者的收藏，“从那之后我便捡拾起创作的信心，不再轻言放弃。”

拥抱大自然，呈现乡土情

“艺术根生于乡土，创作来自于生活。”这是叶发原对自己创作理念的定位。从小生长在桃园县的大溪乡，童年记忆里的一草一木、虫鸣鸟语，形象鲜活而生动，不断冲击着他的神经与细胞。

继“螃蟹”系列后，他又创作了昆虫王国里的勇猛斗士——螳螂。在他的眼中，螳螂活脱脱地就像穿着燕尾服的绅士。叶发原以拟人化的技法，雕刻出螳螂“娶亲”、“挥杆打高尔夫球”、“对弈”等各种形态，甚至组成“田园交响乐团”。他逐渐找到了创作的方向——拥抱大自然、呈现乡土情。

桃园大溪不仅有众多巴洛克艺术风格牌楼汇集的老街，更有清新宜人的田园风光。叶发原在大溪老家勤奋持家的老妈妈，总爱把种好的蔬菜瓜果馈赠给异地的儿女。浓郁的情感靠着微不足道的蔬果传递，也唤起他对母亲的无限思念。于是“田园”系列应运而生，白玉无瑕的苦瓜、金黄秋实的南瓜、夏初连连的丝瓜……个个惟妙惟肖，令人爱不释手。《瓜瓞绵延三连作》更是其中佳作，一小段瓜藤，几片瓜叶，垂吊着两三只丝瓜，将田园景象栩栩如生地呈现出来，也把皮的可塑性推向艺术境界，使叶发原获得了民族工

叶发原

艺类最高荣誉。

在家工作的叶发原，其作品题材却从不局促、不封闭，永远是门外大自然里的花花世界。他的作品以大自然的生态及生活经验为主题，以能再度重现皮革生命力为重点，饱含崇高的民俗意涵。虽没有气势磅礴的山水，却能在花花草草里洞见天地，安安逸逸地透露着生之气息。

当儿女相继出生后，家的温馨让叶发原对事物有了新的看法和角度。所谓“手抱孩儿，才知父母恩”，因感恩父母养育之情，他把目光锁定在台湾先民的劳动题材上，挑战乡土意味浓厚的皮塑人物。强韧刻苦的农夫，古朴真挚，有的杵臼捣米，有的蓑衣下田，有的肩挑锄犁、有的肩挑虾笼，还有使力挑担的挑夫，满脸风霜，这些作品都栩栩如生地再现了20世纪50年代的台湾，在不同的时空背景下再度孕育出丰富的生命内涵。

刻画细节，创造价值

当代皮塑创作者多用牛皮作为皮塑的主要材料。选皮非常关键，必须细细挑选质地均匀，没有伤痕，没有牛蝇孵化后留下的极小细孔的皮革来使用。若是雕刻头部、五官、手脚筋脉，宜选用薄皮，取其细致婉约；若是雕刻较为抽象之物，如桌椅、饰物、配件，宜用厚皮处理，表达其粗犷意味。又如做蜻蜓翅膀，由于要透明化，叶发原尝试了很多次都不成功，最后才想到用猪皮，“过去很多皮影戏的道具是用猪皮来做的，因此以猪皮作为翅膀的材料，再刻出细纹，恰好能呈现翅膀的质感。”

皮革雕塑兼具实用性、装饰性和艺术性。“我想做的是让皮革跳出实用范畴，提升为艺术创作。它不仅创造出皮革的另一种价值，也是我想追求的创作境界。”叶发原有着自己坚定的信念。在2009年“陈江会谈”上，陈云林与江丙坤互赠了纪念品，其中，海基会董事长江丙坤送上的，就是叶发原创作的《丰收》皮雕。该皮雕是一乡民挑着硕大的南瓜，虽然沉重，但脸上充满喜悦与希望之情，细节精细，人物栩栩如生。江丙坤希望借此表达，两岸合作虽然事物繁杂且有压力，但在共同努力下，势必得到丰收的成果。

目前台湾的手工艺品一般仍以实用和装饰为主，从业者仍以开发实用性、生活性之技艺，或文艺产业之技艺为发展方向，愿意花时间研究创新的人并不多，大多是用模仿和重复创作。“树立个人风格，是一个创作者艺术生命的源头和成功的要件。”叶发原并没有收学生的打算，他想花更多时间来创作，并利用闲暇时间当客座讲师，举办公开展览，来传承推广。

回顾这段玩皮的经历，他深感幸运和幸福。“能善用天分，创造出自我的独特价值，做自己想做的事，是人生的一大乐趣。”他开拓出属于自己的一片天。纵然偶有心情曲折低暗的时候，他总能因为坚信“好东西是不寂寞的”而坚持下去。

对叶发原来说，最大的愿望是不断有新的作品，“让皮艺不断传承下去。不论人物、动物，还是昆虫，都能通过我的皮革保持永恒的生命力，传达难以言喻的生命之美，让观赏的人都能体验到生命的惊喜。”

旅游攻略

交通路线	台北捷运蓝线→板桥站→忠孝路→光明街→叶发原皮艺工作坊。
景点推荐	板桥林家花园是台湾最著名的私人园邸。园内建筑以闽南风格为主，结合江南园林、台湾和西洋特色，设计雅致。园内厅、房、厢、廊、庭、台、楼、阁左通右连，曲折回环，富有诗情画意。由粤、闽、台等地工匠打造的石雕、木雕、砖雕、彩绘等做工精美，用料考究。游人漫步其间，可感受昔日台湾望族发展的历史与痕迹。
美食推荐	皇玺北海道昆布锅，严选北海道昆布慢火熬煮，不添加任何人工味素，让天然的甘甜海味完全融入，尝上一口淡金色的昆布汤，自然、鲜美、甘醇的滋味让您回味无穷。推荐雪花牛肉拼盘、雪花猪肉、鲜嫩鸡肉、季节鱼头海鲜、牛猪双拼、猪鸡双拼。

位置图 *LOCATION*

N

金榜面店

木雕博物馆

甘露餐厅

胜兴客栈

尖豐公路（台13线）

县道130

中山高速公路

欧香新城

往三义交流道

艺术是一条修行之路，唯有不断学习，才能不断创新。将心放进多少，效果就有多少。

培泽雕刻工坊

地　　址：苗栗县三义乡胜兴村欧香新城 9-1 号
电　　话：037-876393
开放时间：请先预约

自在自得亦自由

text | 文丽君 photo | 沈培泽

每年五月，三义满山遍野的桐花仿若五月雪纷飞，桐花祭带来了如织的游客。沈培泽以此为灵感，用台湾牛樟雕刻出一对桐叶情侣，男子望着将桐花插在耳鬓的女子，深情款款，是为《桐花恋》。

对生活的见闻、感受是沈培泽的创作源泉。在四十余年的木雕生涯中，从产业代工到个人创作，从创作到薪传教育，这条崎岖转折的路，只有沈培泽知道，自己是在寻找一种生命的定位——自在、自得、自由。这既是沈培泽三大代表性系列作品的脉络体现，也是他创作状态的最佳诠释。

天生才艺兼具

“这个小孩才艺兼具，会有前途的啦！”命相师批了八字，向一对夫妇说。“我们家这么穷，连书都读不上，我哪有可能才艺兼具？”听到对话的孩子疑惑地想。不过，十余年后，事实印证了那八个字。

沈培泽出身在新竹乡下，家境不甚宽裕。初中毕业考高中那年，父亲突然跟他说，是否不要去读高中，留下来帮母亲照顾弟妹。父亲是厨师，因为长期吸食油烟，已是鼻咽喉癌的末期。为了不让沈培泽重蹈覆辙，他安排儿子到新竹附近的木雕工厂学习技术。当时的木雕工艺是师徒相承，第一个教导沈培泽的师傅是木雕工艺家曾进财。

“跟曾老师学习，我享受到跟一般学徒不同的待遇！那时木雕在形塑前没有所谓的图稿设计，在基本功养成后，必须经过长期的历练，并拥有绘画技巧才能做到。普通学徒的养成从磨刀、修坯、到打坯、造型，就非常了不得了！但我从学徒时期就开始设计木雕图稿，因为我有绘画基础。”沈培泽回忆说。

很快，沈培泽在三年四个月的学徒期便习得传统木雕技法，而后又到不同风格的木雕工厂边做边学，体验多元丰富的技法，不论是汉式的写意、美式的简洁，还是日式的细腻，他都能驾轻就熟。

正当意气风发的沈培泽想投入全部精力以求木雕艺术更臻完美时，1970年全球石油危机爆发，木雕产业受到极大冲击，许多以此为生的老前辈纷纷另谋出路。沈培泽也转行了，到台玻公司做仓储备料，这一做就是十一年。直到有一天，他到三义拜望久未谋面的师兄叶焕木。师兄一见面就说：“你是有天赋的，再回来做木雕吧！”于是，搁置了十一年的功夫重现江湖。

妙手巧雕残木

沈培泽跟师兄学了两年的巧雕技法后，便醉心于个人创作。在他看来，“木材是大自然给我们最好的礼物！”所以他总是在创作前仔细端详木头，审慎评估木质纹理，与它对话，即使是不成其形的残木，经他的巧手也会鲜活起来。

巧雕是三义木雕的特色，在天然木料上雕刻出独具一格的写意意境，极具东方艺术的美感。在当时流行风潮的影响下，沈培泽的“自在”系列，皆以天然巧雕创作。1993年，三义木雕博物馆成立，政府为产业技术的升级，举办了艺术学术讲座与木雕艺术创作比赛，沈培泽表现生活意向的“自得”系列由此产生。在《自由奔放》中，他以绳子为题阐述生活观。看似被紧紧圈绕的绳子，却在极微小的空间向上延展出一对翅膀飞舞。沈培泽说，很多人会觉得被绳子捆绑的物件失去了自由，但反过来想，绳子为尽捆绑的责任

沈培泽
POLO

其自身也失去自由，如果绳子不做捆绑的动作，相信它可以很轻松自得、像鸟般自由飞舞……

2005年，沈培泽到花莲参加现场创作邀请展，他发现台湾后山地区的居民生活得十分安逸、自然，心想如果自己的作品也能无拘无束地表现自然，必定也是一种享受。于是他便创作了“自由”系列，包括《后山》《春迴》《急速》《跃》等作品。这个系列以现代造型为主，用的都是不成形的剩余残木。沈培泽在有缺陷的造型中肆意想象，用超现实的方式予以表现。《春迴》以一贯的螺旋做线条的律动与延展，彰显强盛的生命力；《急速》如一只大鸟急速俯冲，表现下坠的速度感；《跃》则形如虾子，两支伸长的触须侦测行进的方向，蓄势待发！“最有意思的地方，是在创作中以玩的心态面对，舍弃传统制作实务的影子，无中生有、化繁为简、虚实互动、轻重缓急地搭配，随心所欲。”

寻找传统的回家路

一路走来，沈培泽除了对木雕有一份敬意，更有一份期许，希望培养更多用心投入木雕艺术工作的人才，让传统工艺得以延续与传承。所以他在创作之余，担任了众多木雕培训的指导老师。

有句俗谚“师渡徒，徒渡师”。在木雕薪传教育中，与大专院校学生一起相处，教学相长，也改变着沈培泽创作的理念。在“自在”“自得”“自由”三个系列的蜕变中，他不经意地发现自己慢慢偏移到一种不确定的抽象形式里，对于他想要的升华进化，得到的却是最令他恐慌的答案，那就是在作品里找不到与心灵的契合。

“传统的细腻技法”与“抽象的简约造型”之间，该如何抉择？反复挣扎之后，沈培泽决定回到自己的生活环境和文化中寻找答案。《华颜素心》、《漂流的岛屿》，就重回传统的细致雕工，将自然界的植物解构为符号，置于简约的造型中，显出落落大方的现代美感。

在沈培泽眼里，木雕除了材质软硬度适当，技术表现很容易之外，最大的魅力应该是材质的温暖度与香味的迷人，用于布置居家环境时，使家庭充满淡淡的清香与温馨。

“凡走过必留下痕迹。”木雕是随着历史潮流而演进的，“如宋代和元代的宗教崇拜偶像雕刻，明代的家具简约线条表现，清代文人逃避世俗的把玩雕虫小技。回顾创作过程，从传统写实到抽象造型，再回到对传统的新诠释，‘自在’‘自得’‘自由’三个系列都提供了让我反省的能量和养分。”沈培泽说。现在，沈培泽每天起床必做的功课就是阅读报纸与上网，这是他资讯的来源，然后每天花4到6小时工作。

从艺四十余年，沈培泽参展无数，获奖无数，但他依然清晰地记得自己的第一次个展。那是在苗栗市的公所，市长破例亲自为他主持开幕仪式。

说到未来的创作愿景，沈培泽笑笑说：“还不知道！但希望大家来刺激我，因为对于木雕所能表现出时空中不同的人、事、物来说，我只是一位心灵的记录者！”

旅游攻略

交通路线	1号高速公路→三义交流道→台13线→水美街→区香新城→沈培泽雕刻工坊。
景点推荐	水美木雕街是三义地区最为出名的木雕艺术聚集地，共有两百多家木雕艺术店家，从大型达摩，到栩栩如生的木雕小动物，在这里可以看到各式各样的木雕艺术品。此外，现在也有许多客家风味的美食店进驻，逛累了还可以坐下来享受客家粄条、客家小炒与艾草粄等美食。
美食推荐	木雕饼是三义独特的小吃，它结合三义当地木雕艺术，风味独特、香酥可口。外皮呈现各种不同的木雕图案，造型小巧精致。内馅分为满足大众的奶香及结合客家味金桔、擂茶等口味，老少咸宜。

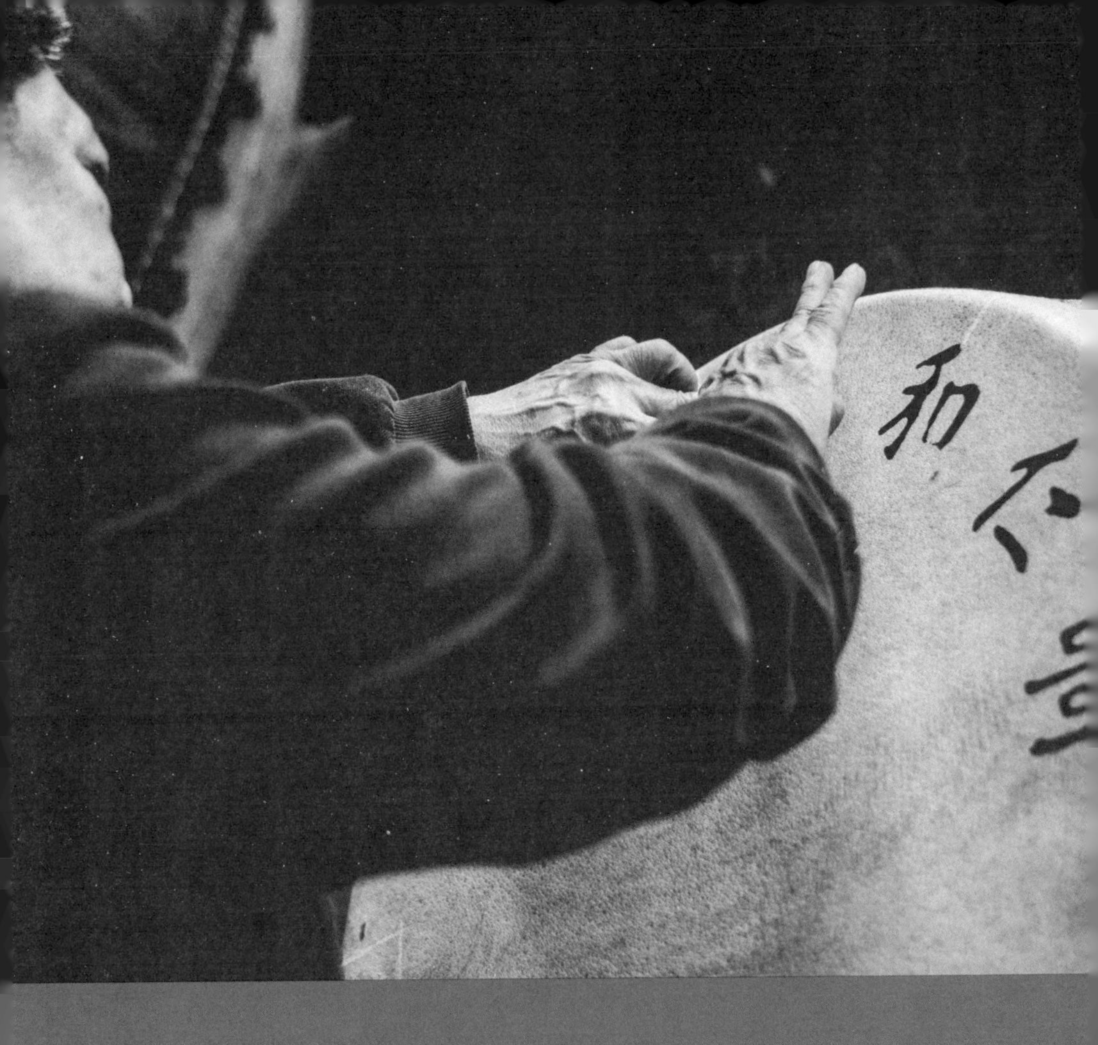

位置图 *LOCATION*

中华路一段
永宁街
中港路
恒毅幼儿园
恒毅高中
中正路
台中市光复国民中小学图书屋
馥华大观商旅
大观街42巷
新庄路157巷
新庄路
景德路51巷
大观街
新北市政府警察局
翁裕美麦芽糖
兴汉里
新庄路214巷
景德路
大观街31巷
新庄路
新庄牛肉大王
碧江街

在王锡坤眼里，鼓最大的魅力在于声音，一个鼓无论外表怎么绚丽，敲击出的声音如果是死的，就不是一个好鼓。

响仁和鼓艺工坊

地　址：新北市新庄区中正路171号
电　话：02-29927402
开放时间：周一至周六，08：30-16：00，需预约

好鼓响仁和

text | 文丽君 photo | 响仁和鼓艺工坊

在清晨的新庄街头，时常听到一阵咚咚鼓响。这不是鼓艺练习，而是响仁和鼓艺工坊的制鼓师傅王锡坤正在测试鼓皮音。他手拿巨大圆规，在鼓面画出圆弧描绘轮廓，然后拿起槌子，一声声敲打鼓身，再随之调整鼓面的紧绷度，直到鼓声厚实回荡，他才满意地点点头："就是这个声音！"

制鼓三十余年，王锡坤对鼓声也严苛要求了三十余年。在他看来，"制作一个鼓"和"制作一个好鼓"是不同的。所谓的好鼓，就是敲击了二三十年后所显现出的声音必须是活的、澎湃的、真正让人感动的。这是响仁和的坚持，也正是因为这样的坚持，响仁和的鼓遍及全台寺庙，甚至随着优人神鼓、朱宗庆打击乐、汉唐乐府等艺文团体走向世界。

制鼓是一种态度

回忆起当年继承父亲事业的历程，王锡坤仍记忆犹新。响仁和是父亲在1929年创立的，那时的名号没有现在响亮，制鼓这个行业也只能勉强糊口。1973年，父亲突然逝世，让二十出头的王锡坤茫然无措。正当他思索是否该继承父业时，长辈的一句"你没有这个能耐"反而让他下定决心，无论如何都要拼出一番成绩。

接手后的王锡坤没有客源、没有经验、没有技术，一切几乎从零开始。虽然没有父亲亲自指导，王锡坤却传承了父亲的制鼓态度，坚持着每一个鼓的品质与诚意。曾经有日本客人想订购大量的鼓，而王锡坤需一些时日才能完成，不愿多等的客人于是说："可以响就行了！"这句话让王锡坤一口拒绝了订单，因为他认为这会拆了"响仁和"八十多年的招牌。

响仁和的鼓面以牛皮制成，是一种生命的延续。"牛死留皮"，鼓能替老牛延续多久的生命，为这个世界带来多久的鼓动人心的震撼，要看匠师的敬业程度与技术。也许前两年还感觉不出有什么差别，但时间一久，制作不良的鼓，声音就会越来越闷。声音闷了，代表这个鼓也死了。

"工艺在于它的细微处。端详一件工艺品的细处，就知道工艺师是不是认真的。"王锡坤说，"技巧大家都会的时候，你持什么心态去做这件事情很重要。"制作的过程是否用心、细心，是决定一个鼓品质好坏的关键因素。

响仁和有许多年轻学徒，都是从钉钉子、穿绳子等基本工作做起，但是同样花了三五年时间，有的人依旧做不好，"问题就在于态度。"王锡坤说，学习的态度好，虽然技巧没那么成熟，但终究可以学成。

多元化创新

当工艺技术达到一定程度时，就要放宽视野，挑战自我。为了在技艺与艺术境界上有进一步的突破，王锡坤大量地阅读书籍、欣赏表演、参加展览。他不断思考，鼓面的形状一定是圆形的吗，图案一定要传统吗，可不可以加点民族风格的线条或是现代的图案？

他开始替鼓换造型，重新定制鼓的规格、样貌，创造新的小型八角鼓、120厘米的大型八角鼓，并且用心地在鼓面制作一些花样，如"三国演义五音鼓"，每种声音代表不同的历史人物，让声音与图纹的搭配起来，既充满个性又有味道。

王锡坤笑说，其实研发新的艺术品很困难，因为鼓有灵性，并不只是一个"圆圆的大篓子"这么简单。为了让鼓更加美观，他还

王锡坤

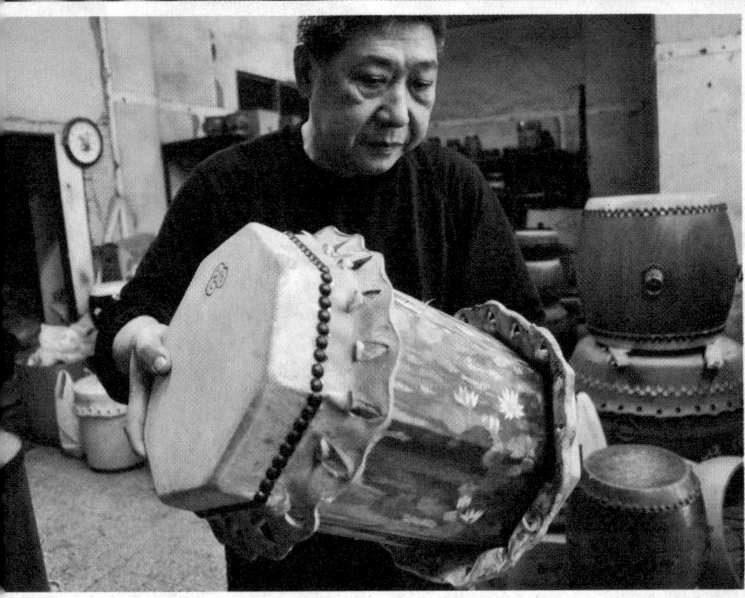

廟鼓
包用拾年
製造人王阿塗
響仁和吹鼓廠
台北縣新莊鎮碧江街一巷二号
出品

9927402
9912468

学习脱胎、生漆的技术，甚至利用染织、撕画、与青花瓷结合等方式制成不同的鼓身，让鼓不仅可以打击，还有收藏和欣赏的功能。此外，他还在鼓身、鼓皮等部位进行新的创新，比如将LED灯与鼓身结合，做成会发光的鼓。

王锡坤曾接过一个订单，佛光山希望用“非动物皮”制作一面大鼓。王锡坤为此研究许久，终于找出以植物纤维做鼓皮的办法。不过，他也提醒佛光山开山宗长星云大师：“植物做的鼓皮可能不耐久，音质也或许有落差。”但星云回答说：“不要紧，做这个鼓，护生的意义大于实际。”

在艺术层面之外，王锡坤也对鼓的运用进行了更多地开拓，因为鼓的震波可让听障者“仿佛若有音”。王锡坤查了相关资料，了解到鼓的α波有稳定情绪的作用，于是在传统制鼓外，王锡坤开始研究起“音疗”。“一个鼓不仅是一个鼓这么简单，鼓音的好坏，影响到心灵感动的程度。”他回忆起2010年参与花莲玉里荣民医院精神科的复健成果展时，精神障碍者藉由学习击鼓进行复健的场景。他看到平日需要别人照料的患者，在经过鼓音节奏的治疗后，不但可以上台表演击鼓，演出后还会关心台下年迈的爸爸。看到这一幕，王锡坤感动得泪眼盈眶。原来，制作一个好声音的鼓，有着这么深远的意义。

对此，优人神鼓的团员许芳慈也有体会。她常告诉学鼓的人，击鼓的真义不在技巧有多厉害，而是在于心的安定。她说，我们一棒一棒地打下去，其实每一棒都是在放下。

传承的意义

岁月将王锡坤制鼓的双手磨得粗糙不已，却也将他的心历练得更加豁达。现在的他，做鼓不再只为温饱，更为了传承制鼓艺术的梦想。2001年，王锡坤成立了响仁和鼓文化馆。文化馆里，来自全世界的鼓让人目不暇接。但王锡坤认为最珍贵的，是父亲制作的一面鼓。虽已近七十年，但鼓音浑厚，仍然有穿透空间的震撼力。那是台北永和广济宫的鼓，庙方原本想要换鼓面，王锡坤到现场发现是父亲亲手所做，于是向庙方提出以新鼓换回旧鼓的要求。

“不需碰触鼓面，耳朵一靠近就能听到从鼓内部传出轻微的咚咚声。”王锡坤说，每当疲累时，只要听到这个老鼓的声音，“就感觉好像爸爸在跟我诉说些什么”，就又会有信心了。

现在，王锡坤每天都忙着制作客户的定制品，“一般尺寸（鼓面直径66厘米以内）大约两个月可以交货，超过66厘米的话就需六个月至两三年的时间。”有人问他，整天从早上7点做到晚上9点，这样做鼓不是很累吗？但王锡坤说，只要把制鼓当成运动，把送货当做旅游，转念后就会乐在其中。

让王锡坤欣慰的是，儿子王凯正渐渐接下了传承的重担。“很多人觉得没意义的事情，细看之下其实意义非凡。我常和人讲，文化是一层一层堆积而成的，响仁和是爷爷起的头，爸爸也不负众望地完成使命。扪心自问，我呢？现在的台湾社会充满着浓厚的商业气息，我不想下一代没了文化。”王凯正说。

好在年轻人有更多新的思路，更重视文化推广、包装设计，以及成长空间。在他看来，让鼓走向世界的目的只有一个，就是扭转人们的固有思维，把他们印象中的“工人”变成“艺术家”。如此，才能获得更多尊重，才有更多年轻人愿意投入。如此，我们的文化才能真正得以传承。

旅游攻略

交通路线	3号高速公路→106甲线道→台1甲线→中正路网关右转→至大观街→回转即可到达。
景点推荐	新庄综合运动场于2002年竣工，可举办大型运动竞赛、演唱会、音乐会、集会典礼及戏剧、舞蹈、马戏团等艺文活动。主馆周边环境绿意盎然，如同一现代都市化公园般，小山、水池、满片草地及休闲设施，非常适合民众运动、散步。
美食推荐	位于台湾“辅仁大学”附近的“新外滩美食茶馆”是一间具有时尚、繁华风格的精致茶馆。除了提供多元化的冷、热饮品之外，还有韩式泡菜、法式干酪、鲜味蕃茄、川味麻辣、日式味噌、泰式酸辣、养生素食等涮涮锅，以及众多不同风味的铁板套餐、简餐等美味餐点。

职人帖

36位

台湾手艺人的造物美学

再现传统手艺人的坚守与执着
让你来一次不同寻常的手工私游

图书在版编目（CIP）数据

职人帖：36位台湾手艺人的造物美学 / 中华手工杂志社编. —— 重庆：重庆大学出版社，2017.10
ISBN 978-7-5689-0413-1

Ⅰ.①职… Ⅱ.①中… Ⅲ.①手工业－介绍－台湾 Ⅳ.①TS95

中国版本图书馆CIP数据核字（2017）第032996号

职人帖：36位台湾手艺人的造物美学
ZHIRENTIE:36WEI TAIWAN SHOUYIREN DE ZAOWU MEIXUE

中华手工杂志社 编

策　划：重报图书
责任编辑：王伦航
责任校对：刘雯娜
责任印刷：邱　瑶
装帧设计：何海林

重庆大学出版社出版发行
出版人：易树平
社　址：重庆市沙坪坝区大学城西路21号
电　话：（023）88617190 88617185（中小学）
网　址：http://www.cqup.com.cn
全国新华书店经销
重庆共创印务有限公司印刷

开本：787mm×1092mm　1/16　印张：19.25　字数：268千
2017年10月第1版　2017年10月第1次印刷
ISBN 978-7-5689-0413-1　定价：59.80元